Alexandra Roth
Regula Tschanz-Haas

AGILITY

VOM JUNGHUND ZUR LEISTUNGSKLASSE

Ravensburg
20.10.2012

Müller Rüschlikon

IMPRESSUM

Einbandgestaltung: Kornela Erlewein
Titelbild: Sabrina Häfelfinger
Bildnachweis: Heinz Gassmann, Claudia Glanzmann, Evelyn Möller, Steffi Spanier, Ursula Urban

ISBN 978-3-275-01837-6

Postfach 103743, D-70032 Stuttgart
Ein Unternehmen der Paul Pietsch Verlage GmbH & Co. KG
Lizenznehmer der Bucheli Verlags AG, Baarerstr. 43, CH-6304 Zug

1. Auflage 2006, überarbeitete Neuauflage 2012

Sie finden uns im Internet unter www.mueller-rueschlikon-verlag.de

Gesamtleitung: Claudia König
Fachlektorat: Ursula Urban
Innengestaltung: Urban AG, Chur
Druck und Bindung: Gutenberg Press Ltp., Tarxien
Printed in Malta

INHALT

VORWORT

Wir betreiben seit 20 Jahren Agility. Früher war dieser Sport ein Freizeitvergnügen, welches nur wenigen Teams vergönnt war.

ALEXANDRA ROTH

Heute ist Agility zu einem richtigen Volkssport avanciert. Wo früher der Nullfehlerlauf entscheidend war, entscheiden heute Hundertstelsekunden über Rangierungen. Die einen betreiben diesen Sport etwas ehrgeiziger als andere, aber immer steht der Hund im Mittelpunkt. Schließlich ist er es, der die ganze Arbeit hat. Trotzdem steht bei den meisten Hundeführern – so wie es sein sollte – der Spaß noch immer im Vordergrund. Agility hat sich im Laufe der Jahre verändert; die Hunde laufen mit höherer Geschwindigkeit über den Parcours und viele Ideen und Gedanken wurden aufgegriffen, um den Lauf zu perfektionieren. Wo man vor einigen Jahren noch hilf- und machtlos im Parcours einer Situation gegenüber stand, haben sich heute Führungsstile und -hilfen entwickelt, bei deren Anwendung solche Situationen einfach gemeistert werden können.

Neue Ideen wurden entwickelt, gehandhabt und verschwanden zum Teil wieder. Wieder andere haben sich etabliert, weil deren Erfolge über Jahre »getestet« werden konnten. Dieses Buch ist eine Zusammenführung der neuen Erkenntnisse und bereits erfolgreich praktizierten modernen Führungsstile.

»Agility sollte erst mit einem einjährigen Hund begonnen werden« – mit diesen Worten werden interessierte Hundesportler von vielen Vereinen in eine Warteschleife gesetzt. Um den Hund jedoch optimal auf diesen Sport vorbereiten zu können, geht in dieser Zeitspanne wertvolle Ausbildung verloren. Vor allem junge Hunde lernen sehr schnell und freudig. Zudem ist der gezielte Aufbau mit einem Junghund eine sinnvolle Beschäftigung für Hund und Hundeführer. Der erste Teil dieses Buches deckt genau diese Zeitspanne ab. Übungen können – ohne Gelenke zu belasten – schon vorgeübt werden, ohne dass der Hund überhaupt Geräte überwinden muss. Statt Sprungausleger kann man im Freien beispielsweise Bäume oder Pylonen benützen.

Natürlich wird auch der Geräteaufbau abgedeckt. Die verschiedenen Methoden, welche in den vergangenen Jahren den meisten Erfolg gebracht haben, werden hier erläutert und deren Vorteile beschrieben.

Als ehemalige Springreiterin liegt es mir sehr am Herzen, in diesem Buch der Sprungtechnik viel Raum zu widmen. Im Theorieteil meiner Kurse und Seminare stelle ich immer wieder fest, dass vielen Hundeführern gewisse gelenkschädigende Trainingsformen gar nicht bewusst sind. Deshalb ist mir die Bewusstseinsschulung ein großes Anliegen und soll ein wenig zum Nachdenken anregen.

Sehr schnell lernt der Hund, die Geräte zu absolvieren. Die wichtigste Herausforderung heutzutage ist jedoch der Führungsstil des Hundeführers. Wie zeige ich dem Hund den einfachsten (für den Hund) zu laufenden Weg? Es ist wie beim Skifahren: Die optimal gewählte Linie entscheidet über Sieg und Niederlage. Der Hundeführer ist der Kopf des Teams und ihm obliegt die Verantwortung, den Hund zielsicher durch und über die Geräte zu bringen. Um das Neuerlernte im Training umzusetzen, finden Sie im Anhang einige Übungsparcours. Viel Spaß dabei!

Wir – Alexandra Roth und Regula Tschanz-Haas – wünschen uns, dass es gelungen ist, mit diesem Buch Agility-Interessierten der Zeit entsprechende vielseitige Unterlagen bereitzustellen. Nachdem die Erstauflage im Jahre 2006 erschienen ist, kommt nun – sechs Jahre später – eine völlig überarbeitete Version auf den Markt. Agility ist nun mal ein relativ junger Sport und verändert sich dementsprechend sehr schnell.

Da Regula und ich seit einigen Jahren getrennt Kurse und Seminare geben, haben sich teilweise unterschiedliche Führungsstile und Trainings entwickelt. Aus diesem Grunde haben wir dieses Buch in zwei Teilen aufgebaut (siehe Kapitelaufbau). Somit können wir beide unsere Philosophie einem breiten Publikum mitteilen und Sie als Leser können von einem größeren Wissensschatz profitieren.

Wintersingen im Frühjahr 2012
Ihre Alexandra Roth

I. WAS IST AGILITY?

Agility ist ...

... die einzige Sportart, über welche die Aktiven fünf Stunden ununterbrochen reden, und dann immer noch genug Diskussionsstoff haben, um weiterplaudern zu können! »Äschiliti, was?« Das ist in etwa die erste Reaktion, die unsereins vom Gegenüber bekommt, wenn wir erklären wollen, für was wir Wochenende um Wochenende opfern. »Weißt du, das ist eine Hundesportart. Du nimmst ein Pferdespringen und statt den Pferden absolvieren Hunde die Hindernisse.« »Aber da bewegt sich ja nur der Hund, oder?«

ALEXANDRA ROTH

Hier einige liebenswerte Zitate über Agility:

... Zwei- und Vierbeiner rennen einen Parcours, oft nicht den gleichen, treffen sich aber immer wieder im Ziel.

... wenn Frauchen oder Herrchen um ihr/ sein Leben rennt.

... ein harmonischer schneller Hindernislauf, bei dem sich Herrchen/Frauchen und Hund einig sein sollten, wo der Hund durch oder drüber springen sollte.

... eine Sportart für Mensch und Hund bei der es unumgänglich ist, sogenannte »Wanderhürden« zu überwinden, um dann suchend von 1 bis 20 ans Ziel zu kommen! Da aber diese sogenannten Wanderhürden sehr tückisch sein können, kann der Weg ans Ziel auch mal ein paar Nummern länger dauern!

... der Zweibeiner hetzt sein »Felltier« durch einen Stolpergerätparcours, baut Tanzeinlagen ein, um möglichst schnell im Ziel zu sein.

... ein Sport, der süchtig macht! Man fährt für fast zwei Stunden zum Meeting, damit man sich gesamthaft zwei Minuten abrackern darf und mit drei ELs (Dis) nach Hause fährt.

... begreife es bis heute nicht! Hihi - kotzelend am Start stehend, nicht mehr wissend wie das haarige Tier neben einem heißt und dann losrennen und hoffen, dass sich im Hirn die richtige Schublade öffnet. Und dann: E ... EL ... EL ... Dafür sich frühmorgens aus dem Bett quälen und noch bezahlen. Deshalb züchte ich heute Landschildkröten - ist im Fall so! Viel weniger Stress und alles viele Nummern langsamer.

... besser als Fussball!

... wie Pommes essen: Hast du einmal angefangen, kannst du nicht mehr aufhören!

... wenn der Hund für 20 Hindernisse das bessere GPS hat als die Hundeführerin.

... um 5.00 h aufstehen, 200 km oder mehr zu einem Turnier fahren, um zwei mal 30 Sekunden mit seinem Hund einen Parcours zu laufen.

... wenn 6 Beine, 4 Augen und 2 Herzen gemeinsam innerhalb von 30 Sekunden durch 20 Hindernisse rennen, 0 Fehler machen und jede Menge Spaß haben.

... dass man ca. 20 000.- CHF ärmer ist, wenn das Lizenzheft voll ist.

... eine Möglichkeit für den Hund, seinem Hundeführer klar zu machen, dass er ihm weit überlegen ist!

Die Geschichte

»Pausenfüller«

Den ganzen (Erklärungs-)Missstand hat uns ein gewisser Peter Meanwell eingebrockt. Ein Brite wohlgemerkt. 1977 um genau zu sein. Für die Crufts Dog Show (weltweit gesehen die größte und wichtigste Hundeausstellung) wurde er angefragt, etwas als Pausenfüller zu organisieren. Eine Springkonkurrenz mit Hunden als Wettkampfsport, etwas Ähnliches, wie es im Pferdesport gab. Und so präsentierten sich zwei Teams mit je vier Hunden ein Jahr später, 1978, erstmalig an der Crufts und zeigten wettkampfmäßig, was sie in den vergangenen Monaten an Hindernissen zusammengebaut und an Ausbildung gelernt hatten. Die begeisterten Publikumsreaktionen ließen keinen Zweifel daran, dass es ein nächstes Mal geben würde. Und so wurden für 1979 bereits im ganzen Land Ausscheidungsläufe absolviert, um die drei Teams zu ermitteln, welche an die Crufts durften. Der »Pausenfüller« war nicht mehr aufzuhalten und entwickelte sich zum eigentlichen Vollprogramm. Eine knappe Dekade später begann sich das Agility-Virus auch in der Schweiz und vielen andern Ländern auszubreiten.

Das »Drum und Dran«

Ja, aber was ist »Aschiliti« jetzt genau? Eben, Pferdespringsport mit Hund statt Pferd – inklusive einigen zusätzlichen Hindernissen, mit denen die Pferde ihre liebe Mühe hätten, wie zum Beispiel dem einfachen Sprung, dem Doppelsprung, dem Weitsprung, dem Reifen, der Mauer, dem Sacktunnel, dem Tunnel, dem Slalom, der Wippe, dem Laufsteg, der Wand und dem Tisch. Einfach formuliert haben Hund und Mensch im Agility eine Ansammlung von Hindernissen in einer gewissen Zeit nach Vorgabe und in korrekter Reihenfolge zu absolvieren. Im FCI-Reglement steht, dass Agility als Geschicklichkeitssport und nicht als Geschwindigkeitssport gedacht sei. Die FCI (Fédération Cynologique Internationale) ist weltweit der Dachverband im Hundewesen. So sind denn auch gewisse Hindernisse weniger auf Geschwindigkeit und mehr auf Kontrolle ausgelegt, wie zum Beispiel die Kontaktzonenhindernisse. »Böse Zungen« würden sagen, sie sind gedacht, um uns (Hund und Führer) das Training, den Wettkampf und generell das Leben schwer zu machen! Das mit dem »korrekt Absolvieren« ist so eine Sache. Fehler werden natürlich bestraft, und zwar mit je fünf Fehlerpunkten. Die korrekte Reihenfolge hat es dann schon etwas mehr in sich. Bei den Reitern geschieht dies mitunter etwas seltener, sprich praktisch nie. Dort kann der Reiter direkt mit seinem Körpereinsatz auf das Pferd Einfluss nehmen. Aber im Agility, wo jeglicher Berührungskontakt zwischen Hund und Mensch verboten ist, hat man es etwas schwieriger, den Hund nur mittels Stimme, Handzeichen und Bodylanguage (Körpersprache) an all den anderen noch nicht oder nicht mehr erlaubten Hindernissen vorbei auf das richtige hinzusteuern. Das erfordert einen sorgfältig aufgebauten Hund sowie eine intakte Verständigungsebene innerhalb des Teams.

Andere, die dieses Problem weniger kennen, weil der Hund nicht wie ein »Wilder« jedes beliebige Gerät anläuft, befassen sich dann normalerweise eher mit dem Problem Zeitlimit, das ein weiterer wichtiger Faktor zur korrekten Bewältigung eines Parcours ist.

Was ist denn jetzt genau Agility?

Agility ist eine klassische Teamsportart. Das Team besitzt sechs Beine. Sechs Beine, die alle in dieselbe Richtung laufen sollten. Denn es geht darum, dass Geräte in der richtigen Reihenfolge (von einem Richter vorgegeben) absolviert werden. Zum Pferdespringsport gibt es viele Parallelen, nur läuft der Mensch nebenher (oder eben hinterher). Das Ziel ist dann doch das Gleiche: Möglichst schnell, ohne Fehler den Parcours zu bewältigen.

Agility ist für alle offen. Für Große und Kleine, für Junge und Alte – Hundeführer wie auch Hunde. Um den Hunden jedoch etwas entgegenzukommen, werden sie in verschiedene Kategorien eingeteilt:

☐ Small

Schulterhöhe kleiner als 35 cm, Sprunghöhe Einfachsprung 25 bis 35 cm

☐ Medium

Schulterhöhe kleiner als 43 cm, Sprunghöhe Einfachsprung 35 bis 45 cm

☐ Large

Schulterhöhe ab 43 cm, Sprunghöhe Einfachsprung 55 bis 65 cm

Gute und sehr gute Hunde

Im Gegensatz zu den Kategorien (für die Hunde gedacht) gibt es noch Leistungsklassen. In der Schweiz gibt es vier, nämlich A, 1, 2, 3. Die sind dann eher für die Hundeführer gedacht. Dem Hund ist es ja egal, ob er im A oder im 2 startet! Die Klassen unterscheiden sich im Schwierigkeitsgrad. So ist beispielsweise die Klasse 3 die höchste Klasse. Dort sind die besten Teams des Landes zu finden.

Rassehunde und Mischlinge

In Kontinentaleuropa und in einigen Ländern außerhalb ist Agility hauptsächlich der FCI (Fédération Cynologique Internationale) zugeordnet. Unter der Leitung der FCI gibt es jährlich eine Weltmeisterschaft, die jedoch, da dies dem Kredo der FCI entspricht, nur durch Rassehunde besetzt ist. Dennoch ist es aber mehr oder weniger kein Problem, auf nationalem Terrain mit Mischlingen zu starten.

Geräte, Hindernisse, Reglemente

In der Erstausgabe von 2006 sind im vorderen Teil des Buches die unterschiedlichen Geräte und Hindernisse abgebildet. In dieser überarbeiteten Auflage verzichten wir auf die Abbildungen. Jedes Land hat auf der entsprechenden FCI-Plattform im Internet die landesspezifischen Geräte und Maße zum Download bereitstehen. Ebenso verhält es sich mit den Reglementen. 1988 wurde Agility erstmals im deutschsprachigen Raum als neue Hundesportart akzeptiert. Anlässlich der IHA (Internationale Hundeausstellung) in Genf wurde die erste inoffizielle Agility-Europameisterschaft durchgeführt. Noch im selben Jahr erarbeitete die Société Centrale Canine aus Frankreich ein Agility-Reglement. 1991 wurde dieses Reglement durch die FCI offiziell anerkannt und für alle dieser Organisation angeschlossenen Länder rechtskräftig. Mittlerweile wurde es jedoch überarbeitet und den Fähigkeiten der Hunde besser angepasst. Das derzeit gültige FCI-Reglement stammt aus dem Jahr 1996, weitere Änderungen sind jedoch bereits vorgesehen.

Agility-Reglemente: Schweiz unter www.tkamo.ch und Deutschland www.vdh.de

Wettbewerbe an Agility-Meetings

Es gibt zwei Typen von Wettbewerben: Offizielle Wettbewerbe und Spiele. Zu den offiziellen Wettbewerben nach FCI gehören:

■ **Agility-Lauf:**

Vorgegebener Parcours mit Kontaktzonen (zwingend) und Tisch (nach Ermessen des Richters in Frankreich immer). Dieser Lauf wird in das Leistungsheft eingetragen und zählt für den Aufstieg (in der Schweiz auch für den Abstieg).

■ **Jumping:**

Vorgegebener Parcours, aber ohne Kontaktzonen.

Zu den Spielen gehören:

■ **Zeit-Fehler-Aus:**

Der Parcours wird in der richtigen Reihenfolge absolviert. Der Hundeführer hat eine gewisse Zeitspanne Zeit, Punkte zu sammeln. Jedes Hindernis ergibt einen Punkt. Der Parcours ist so ausgelegt, dass der Hund vom letzten Hindernis sogleich wieder über das erste gehen kann, sollte die Zeit noch nicht abgelaufen sein. Start und Ziel kann beispielsweise der Tisch darstellen. Es können nun Punkte gesammelt werden, bis entweder die Zeit abgelaufen ist oder der erste Fehler passiert. Fehler werden durch einen Pfiff des Richters angezeigt und das Zeitlimit durch den Pfiff des Zeitnehmers. Der Hund wird nun so schnell als möglich ins Ziel (beispielsweise Tisch) geschickt. Das Team mit den meisten Punkten und in zweiter Linie der schnelleren Zeit gewinnt.

■ **»Gambler«:**

Der Hundeführer kann auf einem von ihm selbst gewählten Parcours Punkte sammeln. Je nach Richter funktioniert dieses Spiel etwas anders. Das Team hat eine bestimmte Zeit, um diese Punkte zu sammeln. Meistens ist es so, dass Kontaktzonen und Slalom nur maximal zweimal absolviert werden dürfen. Zwischen Kontaktzonen und Slalom ist meistens entweder ein Sprung oder ein Tunnel zu absolvieren. Geräte dürfen nicht hintereinander (also vor und zurück) genommen werden. Der Richter kann auch einen Joker einsetzen. Dies sind meistens ca. drei bis vier Geräte, die entweder während der Zeit des Punktesammelns überwunden werden müssen. Oder der Hundeführer hat eine bestimmte Zeit zum Schluss zur Verfügung (nachdem der Zeitnehmer gepfiffen hat), um den Joker zu absolvieren. Das Spiel ist je nach Richter sehr unterschiedlich, also lohnt es sich, bei der Parcoursbegehung gut zuzuhören.

■ **Open:**

Parcours analog Agility-Lauf. Dieser wird aber nicht in die Leistungskarte eingetragen und es können mehrere Klassen zusammen gewertet werden (wie bei Ausstellungen die offene Klasse).

Fehler

(Auszug aus dem Schweizerischen Reglement, welches dem FCI-Reglement unterstellt ist)

■ **Zeitfehler**

Das Überschreiten der Standardzeit wird pro Hundertstelsekunde mit 0.01 Fehlerpunkten gewertet und als Zeitfehler bezeichnet.

■ **Fehler allgemeiner Art**

Jeder Fehler wird mit fünf Fehlerpunkten gewertet.

☐ Berühren des Hundes durch den Hundeführer während des Laufes, sofern sich daraus für das Team ein Vorteil ergibt.

☐ Jedes absichtliche Berühren von Hindernissen durch den Hundeführer während des Laufes.

■ **Abwurf**

Jeder Abwurf wird mit fünf Fehlerpunkten gewertet.

■ **Kontaktzonen**

Jede nicht korrekt absolvierte Kontaktzone wird mit fünf Fehlerpunkten gewertet. Auf der Schrägwand, der Wippe und dem Laufsteg muss der Hund unbedingt wenigstens einen Teil der Pfote auf die Kontaktzone beim Aufstieg und beim Abstieg setzen.

■ **Verweigerung**
Jede Verweigerung wird mit fünf Fehlerpunkten gewertet. Wenn der Hund bei der Absolvierung des Gerätes eine Verweigerung begeht, muss der Hundeführer seinen Hund auf das verweigerte Hindernis erneut ansetzen, sonst wird das Team disqualifiziert. Die dritte Verweigerung auf dem Parcours ergibt automatisch eine Disqualifikation.

■ **Als Verweigerung gilt:**
□ Anhalten des Hundes vor dem zu absolvierenden Hindernis.
□ Seitliches Ausweichen des Hundes, um das zu absolvierende Hindernis zu vermeiden.
□ Vorbeilaufen am zu absolvierenden Hindernis, welches den Hund zu einer halben Umdrehung zwingt, um das Hindernis erneut anzugehen.
□ Hund, der nicht mehr in Bewegung ist.

Spezifische Fehler und Verweigerungen bei einem Hindernis

■ **Hürde**
□ Läuft der Hund unter der Stange durch, ohne dass die oberste Stange fällt, wird eine Verweigerung ausgesprochen.
□ Läuft der Hund unter der Stange durch und die oberste Stange fällt, gilt dies als Zerstörung des Hindernisses (Disqualifikation).

■ **Tisch**
□ Der Hund muss während eines Zählintervalls von 5 Sekunden auf dem Tisch bleiben. Es ist keine bestimmte Position vorgeschrieben. Das Abzählen der Zeit beginnt erst, wenn der Hund auf dem Tisch ist.
□ Der Hund darf den Tisch erst nach dem Signal des Richters verlassen. Tut er dies dennoch, wird ein Fehler gewertet. Er muss wieder auf den Tisch zurück und nochmals das gesamte Zählintervall und das Signal des Richters abwarten, sonst wird er beim nächsten Hindernis disqualifiziert.
□ Der Sprung auf den Tisch ist von drei Seiten her erlaubt, nur nicht von der hinteren. Wenn der Hund am Tisch vorbei geht oder den Tisch unterquert, so wird dies als Verweigerung gewertet.

■ **Laufsteg**
Das Abspringen vom Laufsteg ohne vorheriges Berühren des absteigenden Teils mit allen vier Pfoten wird als Verweigerung gewertet.

■ **Wippe**
□ Das Abspringen von der Wippe vor dem Überschreiten der Wippenachse wird als Verweigerung gewertet.
□ Das Verlassen der Wippe vor deren Berührung mit dem Boden wird als Fehler gewertet.

■ **Schrägwand**
Das Abspringen von der Wand ohne vorheriges Berühren des absteigenden Teils mit allen vier Pfoten wird als Verweigerung gewertet.

■ **Slalom**
□ Zu Beginn muss sich der erste Slalompfosten auf der linken Seite des Hundes befinden. Wenn der Hund den Slalom falsch beginnt, wird dies als Verweigerung gewertet.
□ Alle falschen Eingänge werden als Verweigerung gewertet.
□ Verfehlt der Hund ein Tor, wird dies als Fehler gewertet. Auf jeden Fall muss der

Hundeführer den Fehler sofort korrigieren, indem er seinen Hund zur Fehlerstelle oder an den Anfang des Slaloms zurückführt. Der Slalom ist das einzige Hindernis, bei dem der Hund zur Fehlerstelle zurückgehen muss. Dadurch wird er in der Zeit bestraft.

□ Im Falle eines falschen Ausganges aus dem Slalom wird eine Disqualifikation ausgesprochen, wenn der Hundeführer diesen nicht korrigiert und ohne Korrektur das nächste Hindernis angeht. Die Korrektur kann durch das korrekte Passieren des letzten Tores oder durch einen korrekten neuen Slalomdurchgang erreicht werden.

□ Die Fehler im Slalom werden auf maximal fünf Fehlerpunkte begrenzt. Maximal sind somit 15 Fehlerpunkte möglich. (Zwei Verweigerungen ergeben zum Beispiel zehn Punkte und ein oder mehrere Fehler ergeben fünf Punkte.)

■ **Fester und Stoff-/Sack-Tunnel**

□ Steckt der Hund eine Pfote oder den Kopf in den Tunnel und zieht sich dann wieder zurück, wird dies als Verweigerung gewertet.

□ Wendet der Hund im Tunnel und verlässt ihn auf der Eingangsseite, wird dies als Verweigerung gewertet.

■ **Pneu/Reifen**

Springt der Hund zwischen Rahmen und Pneu statt durch die Pneuöffnung, wird dies als Verweigerung gewertet.

■ **Weitsprung**

□ Überspringt der Hund das Hindernis in der Breite, wird dies als Verweigerung gewertet.

□ Das Umwerfen eines Elementes wird als Fehler gewertet.

□ Das Setzen mindestens einer Pfote auf oder zwischen die Elemente wird als Fehler gewertet.

□ Das Gehen im Weitsprung (ohne Sprungansatz) wird als Verweigerung gewertet.

■ **Kombination von zwei oder drei Hindernissen**

□ Jedes Element einer Kombination wird unabhängig beurteilt.

□ Verweigerungen oder Abwürfe werden pro Element beurteilt.

□ Im Falle der Verweigerung eines Hindernisses ist beim ersten Hindernis der Kombination neu zu beginnen.

Disqualifikation

Eine Disqualifikation bedeutet, dass der Hundeführer den Parcours zusammen mit seinem Hund sofort zu verlassen hat. Der Richter kann beim Briefing andere Anweisungen geben. Die Disqualifikation muss vom Richter durch einen Pfeifton und/oder ein Handzeichen angezeigt werden. Alle in der nachstehenden Aufstellung nicht vorgesehenen Fälle werden durch den Richter beurteilt. Selbstverständlich muss der Richter vom Beginn bis zum Ende des Wettbewerbes für alle Teams den gleichen Maßstab ansetzen.

■ **Folgende Fehler ziehen eine Disqualifikation nach sich:**

□ Unkorrektes Verhalten des Hundeführers gegenüber dem Richter.

□ Aggressives Verhalten des Hundes gegenüber dem Ringpersonal.

□ Misshandlung eines Hundes.

□ Überschreiten der Maximalzeit.

□ Dritte Verweigerung auf dem Parcours.

- Hindernisse nicht in der richtigen Reihenfolge/von der falschen Seite angehen.
- Hundeführer über-, unter- oder durchquert selbst ein Hindernis.
- Hundeführer hält während des Laufes etwas in der Hand.
- Hund trägt während des Laufes irgendein Halsband.
- Hund verlässt den Parcours oder befindet sich nicht mehr unter Kontrolle des Hundeführers.
- Hund versäubert sich auf dem Parcours.
- Hund oder Hundeführer zerstören ein Hindernis vor dessen Absolvierung; Ausnahme: Erfolgt die Zerstörung während der ersten Absolvierung des Hindernisses (wird mit Fehler gewertet) und folgt dieses im späteren Ablauf des Parcours nochmals.
- Berührung des Tischs mit elektronischer Zone durch den Hundeführer mit Auslösung der Zeitnahme.
- Hund geht im Slalom mehr als zwei Tore in die falsche Richtung.

Qualifikationen

Für den Wettbewerb werden folgende Qualifikationen zuerkannt:

- Vorzüglich (v)

0 bis 5.99 Gesamtfehlerpunkte

- Sehr gut (sg)

6 bis 15.99 Gesamtfehlerpunkte

- Gut (g)

16 bis 25.99 Gesamtfehlerpunkte

- Nicht klassiert (nk)

ab 26.00 Gesamtfehlerpunkte

Wettbewerbsteilnahme

An den Wettbewerben (offizielle Wettbewerbe und Spiele) können Hunde ab einem Minimalalter von 18 Monaten teilnehmen.

Wettbewerbsausschluss

- Hunde, die bei einer allfälligen Tierarztkontrolle ausgeschieden werden.
- Die gesetzlichen Bestimmungen für Impfungen sind einzuhalten.
- Hunde, die gemäß der Beurteilung des Richters verletzt oder physisch offensichtlich nicht zur Bestreitung eines Wettbewerbs in der Lage sind.
- Läufige Hündinnen. Ausnahme: zu den Qualifikations- und Finalläufen (in Deutschland erlaubt)
- Trächtige Hündinnen sind zum Schutz der Hündin und der ungeborenen Welpen ab der abgeschlossenen fünften Woche nach dem Deckakt von sämtlichen Agility-Meetings ausgeschlossen.
- Hündinnen mit Welpen sind bis einschließlich der achten Woche nach der Geburt der Welpen von sämtlichen Agility-Meetings ausgeschlossen.

II. DIE AUSBILDUNG DES JUNGHUNDES OHNE GERÄTE

Da Agility eine erhebliche Belastung für den Hund ist, ist es sinnvoll, mit dem »richtigen« Geräteaufbau erst mit einem ausgewachsenen Hund zu beginnen.

ALEXANDRA ROTH

Von der Belastbarkeit des Skelettes des Hundes in der Wachstumsphase

(Auszug aus Rosmarie Wild, Labrador Retriever, Müller Rüschlikon Verlag)

Während der Zeit des intensivsten Wachstums – zwischen dem ersten und dem neunten Monat – sind sowohl die knorpeligen als auch die knöchernen Anteile des Skelettes sehr fragil und somit den enormen mechanischen Belastungen nicht in ausreichendem Maße gewachsen. Dies gilt besonders für die Knochen und Gliedmaßen im Bereich der Wachstumszonen, das heißt in und um die

Epiphysenfuge[1] (Wachstumszone) und in den Gelenksknorpeln. Der Gelenksknorpel und der Knorpel der Epiphysenfuge ist zur Zeit des intensivsten Wachstums – und nur zu dieser Zeit – mit Blutgefäßen, welche die Verknöcherung einleiten, durchsetzt. Dadurch ist aber die ohnehin schon geringe Stabilität des wachsenden Knorpels vermindert. Der Knochenschaft rund um die Epiphysenfuge fängt gerade an, sich zu bilden, d.h. er besteht noch vorwiegend aus Bindegewebe.
Starke mechanische Belastungen können sowohl im Gelenksknorpel der Epiphysenfugen als auch im gerade neu gebildeten Knochengewebe Schäden verursachen.
Schäden im Knochengewebe – in der Regel Mikrofrakturen – heilen spontan. Schäden im Knorpel der Epiphysenfuge leiten zu fehlerhaften Verknöcherungen, die in der Regel durch den Heilungsprozess problemlos korrigiert werden (unter der Aufsicht Ihres Tierarztes). Schäden im Gelenksknorpel hingegen können zu bleibenden Arthrosen führen. Auch die Ansatzstellen von Bändern und Sehnen erreichen ihre volle Belastbarkeit erst nach Abschluss der intensivsten Wachstumsphase. Übermäßige Belastung kann zu Zerrungen führen, die, wenn noch die Knochenhaut einbezogen wird, sehr schmerzhaft sein können, was mit Hinken quittiert wird.

[1] *Die Epiphysenfuge (oder Wachstumsfuge) bezeichnet die Fuge zwischen der Epiphyse (Endstück) und der Metaphyse der Röhrenknochen und besteht aus hyalinem Knorpel.*

Allgemeine Infos

Nun wollen wir also unserem kleinen Wuffel genau diesen lustigen Sport vermitteln.

> Mit fortgeschrittener Ausbildung geht es vor allem darum, nicht einfach den Parcours irgendwie zu absolvieren, sondern den Hund auf seiner idealen Linie zu führen. Jeder Hund hat eine gewisse Arbeitsdistanz. Diese kann verändert werden, aber die natürliche Distanz ist dem Hund am wichtigsten. In dieser wird er am schnellsten laufen und die wenigsten Fehler begehen.

Sie als Hundeführer haben nun die folgenden Möglichkeiten, Ihrem Hund zu zeigen, welchen Weg er einzuschlagen hat:

Füße

Wenn Sie nur die Schultern drehen, ist das den Hunden egal. Dies gilt nicht nur für kleine Hunde. Es ist auch für einen Large-Hund viel einfacher, sich nach unten (an Ihren Füßen) zu orientieren, als den Kopf hochzudrehen, um Ihre Schultern anzuschauen. Die Füße laufen automatisch immer in die Richtung, in die der Hund auch laufen soll.

Hände

Hände sollen nicht viel, wenn aber eingesetzt, sehr präzise zeigen. Normalerweise arbeiten wir mit der Führhand, das heißt der Hand, die näher beim Hund ist. Oft benütze ich die Hände auch als »Laserpointer«. Hunde

müssen lernen, auch auf die Hände zu achten. Die meisten orientieren sich automatisch an den Füßen. Es gibt aber Situationen, in denen der Hund sowohl auf die Füße als auch auf die Hände achten soll.

Kommandos

Mit der Stimme können Sie den Hund sinnvoll unterstützen.

Blicke

Augen sagen sehr viel aus. Selbst Menschen spüren, wenn sie angestarrt werden. Hunde haben in dieser Beziehung noch viel mehr Feingefühl. Wenn Sie als Hundeführer das falsche Gerät anschauen, wird der Hund auch das falsche Gerät anvisieren und absolvieren.

Bewegung

Die Bewegung ist sehr wichtig. Gehen Sie immer in die Richtung, in die der Hund gehen soll. Mit der Anpassung der Laufgeschwindigkeit geben Sie wichtige Informationen. Es sollten immer mindestens drei Hilfen gewährleistet sein. Möchte ich also schon von einem Gerät weglaufen, unterstütze ich den Hund mit einem »Out«, die Hand wie ein Laserpointer und den Blick immer auf das Gerät gerichtet. So wird der Hund wissen, dass er, obwohl ich mich schon von ihm wegbewege, trotzdem in aller Ruhe das Gerät absolvieren kann. Es ist hilfreich, immer wieder mit den Händen hinter dem Rücken oder in der Tasche und/oder ohne Kommandos einige Sequenzen zu trainieren. Oftmals ist es so, dass verbale Kommandos Ungenauigkeiten des Körpers übertönen. Somit muss der Hundeführer sich wirklich wieder einmal auf seinen Körpereinsatz konzentrieren.

Es ist wichtig, dass der Hundeführer lernt, vor allem seine Füße richtig einzusetzen.

Führhand versus Gegenhand:
Die Führhand macht den Hund weit und lässt ihn laufen und die Gegenhand (also die Hand auf der gegenüberliegenden Seite des Hundes) bindet den Hund zu uns hin. Dies geschieht, weil ich dem Hund die Front zeige und er deshalb automatisch näher bei uns arbeitet. Somit ist die Führhand also das Gaspedal und die Gegenhand die Bremse.

Bestätigung:
Für ruhige Arbeiten – wie beispielsweise Zonen stehen – verwende ich Leckerchen und für alles »Triebige« – wie beispielsweise den Tunnel – das Spielzeug. Bindende Arbeiten, also Arbeiten, bei denen der Hund lernen soll, beim Hundeführer zu bleiben, bestätige ich mit Spielzeug (Zerrspiel) und für lösende Übungen (vom Hundeführer weg) lege ich das Spielzeug entweder zum Zielpunkt als Target oder werfe es in die gewünschte Richtung.
Immer wieder beobachte ich Hundeführer, die ihre Hunde knuddeln und am Kopf anfassen oder die Ohren »wuscheln«. Leider mag dies die Mehrheit der Hunde gar nicht. Beobachten Sie einmal Ihren Hund, wenn Sie dies tun. Die meisten Hunde beschwichtigen (züngeln, gähnen) oder kontern gar mit einer submissiven (unterwürfigen) Haltung oder Handlung. Wollen Sie also wirklich Ihren Hund loben, dann bitte nicht mit bedrohlichem Über-ihn-Beugen oder Ähnlichem, sondern mit Spielzeug, Leckerchen oder dezenten Gesten. Sind wir ehrlich, auch wir Menschen finden überschwänglichen Körperkontakt bei der Arbeit oder wenn wir uns konzentrieren wollen, nicht toll. Zu Hause vor dem Fernseher ist das dann wieder eine ganz andere Kiste.

Gezielte spielerische Agility-Vorübungen mit dem Junghund ohne Geräte

Jeder, der sich einen Welpen kauft und den Wunsch verspürt, mit diesem Agility zu betreiben, wird leider von den meisten Hundesportvereinen darauf vertröstet, dass er Agility gerne betreiben darf, aber erst, wenn der Hund ein Jahr alt ist. Die Begründung liegt meistens in der Wachstumsphase des Hundes. Sicherlich ist dies vernünftig in Bezug auf die Gesundheit, sofern es sich um den Geräteaufbau (beispielsweise Hürden) handelt. Jedoch geht wertvolle Zeit verloren, in der der Hund sehr einfach aufzubauen ist und ihm grundlegende, fürs Agility wertvolle Details vermittelt werden können. Es versteht sich von selbst, dass die Gesundheit des Hundes an erster Stelle steht und verschiedene Übungen auch erst geübt werden sollen, wenn das Alter des Hundes dies zulässt (genau wie das Treppensteigen).
Nachfolgend sind diverse Spiele und Übungen speziell für den Junghund, welche mit etwas Fantasie ergänzt und ausgebaut werden können. Viel Spaß mit dem zukünftigen Agilityhund! Es ist nicht erwiesen, dass diese Übungen zu einem Weltmeisterteam führen, aber nützen sie nichts, schaden sie bestimmt nicht. Sie geben uns eine tolle Möglichkeit, uns mit dem jungen, heranwachsenden Hund sinnvoll zu beschäftigen. Einige Hunde sind weniger für ein Spielzeug zu begeistern, was ich bedaure. Mit einem Hund, der Spielzeuge liebt, lässt es sich etwas einfacher und variierter arbeiten. Selbstverständlich bekommt auch er seine Leckerchen. Es gibt übrigens auch Spielzeuge, die mit Futter bestückt werden können.

Welche Kommandos Sie dabei wählen, ist Ihnen überlassen. Beachten Sie bitte, dass Sie keine ähnlichen Kommandos verwenden, wie Aus und Außen. Aus diesem Grunde verwenden wir für die Agility-Spiele oft englische Begriffe, weil diese im Alltag noch nicht besetzt sind. Machen Sie sich also Gedanken über die einzelnen Kommandos, beziehen Sie auch Alltagssituationen mit ein. Beispiel: Bei einem Hund namens Scout nicht unbedingt das Out zum Wegschicken gebrauchen! Dies wären ja zwei komplett gegensätzliche Ausführungen, welche für den Hund gleichlautend sind. Wichtig ist dabei, dass Sie strikt immer dasselbe Kommando benutzen und die Lernschritte nicht zu groß ansetzen. Lassen Sie Ihren Hund (vor allem den jungen Hund) immer mit Erfolg arbeiten. Zeigen Sie dem Hund auf, was er schon kann, nicht, was er nicht kann. Nicht jeder Hund ist für jede Übung gleich begabt. Achten Sie also darauf, dass Sie ihm immer die Freude an der Arbeit vermitteln. Bei den Gleichgewichtsübungen geht es vor allem um die Entwicklung und nicht um Erfolg oder Misserfolg.

»Äh-Äh-Spiel«

Da ich eine clickerbegeisterte Hundesportlerin bin, habe ich diese Übung mit einem Clicker geübt. Inspiriert hat mich der Border Collie bei der Fernsehsendung »Wetten dass«, der 150 verschiedene Spielzeuge zu differenzieren weiß.

Sehr bald hat der Welpe gelernt, das Spielzeug seinem Besitzer zu bringen. Nun möchte ich aber, dass mein Hund das Bärchen, den Igel, das Häschen und den Ball zu unterscheiden lernt. Zu Beginn hat der Hund nur ein Spielzeug (zum Beispiel den Ball), welches er bringen kann, um dafür bestätigt zu werden. Bringt der Hund zuverlässig dieses Spielzeug zurück, wird ein zweites Spielzeug dazu gelegt (zum Beispiel der Bär). Jetzt wird der Hund wieder den Ball bringen, weil er damit eben vorhin erfolgreich war. Mit einem Lächeln im Gesicht sage ich »Äh-Äh«, dies soll den Hund zum Weiterarbeiten motivieren. Dieses »Äh-Äh« soll dem Hund vermitteln, dass sein Verhalten ansatzweise gut ist, aber noch nicht wirklich das erwünschte. Nachdem der Hund mit dem Ball ja jetzt nicht erfolgreich war, wird er es irgendwann mit dem anderen Spielzeug versuchen. Jetzt wird er gelobt und mit ihm gespielt. Dieses Spiel lässt sich beliebig lange wiederholen. Jedes Mal, wenn der Hund nicht das richtige Spielzeug bringt, wird ihm mit einem »Äh-Äh« vermittelt, dass es nicht genau richtig war, aber doch ansatzweise und dass er es weiter versuchen sollte. Mit diesem Spiel lässt sich später auf dem Agilityplatz das »Nein« vermeiden. Immer wenn der Hund etwas nicht ganz richtig macht, kann ich ihm mit dem »Äh-Äh« mitteilen, dass er sich auf dem richtigen Weg befindet und dass ich seine Arbeit schätze, aber es noch nicht genau das Verhalten ist, welches Erfolg und Bestätigung bringt. Vor allem bei der Arbeit mit nicht so triebstarken Hunden, ist es unerlässlich, dass eine Korrektur nicht zu hart ausfällt. Viele dieser Hunde sind über ein »Nein« verunsichert. Dem Hund wird auf diese Weise vermittelt, dass er in der Übung nicht korrigiert, sondern nur zu besserer Arbeit motiviert wird.

»Ready-Steady-Go«

Mein absolutes Lieblingsspiel, mit welchem sich auch im Obedience sehr viele Übungen anlernen lassen, ist »Ready-Steady-Go«. Es bedeutet nichts anderes als »Achtung-Fertig-Los«. Bei den meisten Hunden in der Schweiz ist jedoch das »Fertig« negativ oder anders verknüpft (zum Beispiel als Schluss eines Spieles, etc.). Aus diesem Grund liegt mir der englische Ausdruck besser. Wenn ich heute nur das »R« rolle, gehen bei meinen Hunden die Ohren hoch, der Fang schließt sich, und der Hund kommt in eine unendliche Spannung. Seine Erwartungshaltung auf das darauf Folgende ist durch und durch positiv.

Das Spiel:
Mit Welpen mache ich dieses Spiel am liebsten mit dem Futternapf, da sich die meisten jungen Hunde aufs Futter stürzen. Das Futter wird hingestellt, der Welpe wird einen Meter davon entfernt in Richtung Futternapf platziert und an der Brust festgehalten. Mit einem »Ready-Steady-Go« wird der Hund losgelassen und er soll sich auf das Futter stürzen. Mit der Zeit werden das »Ready« und das »Steady« ausgedehnt gesprochen und mit einem motivierten »Go« wird der Hund losgeschickt. So kann man die Spannung noch etwas ausdehnen. Auch wird die Distanz zum Fressnapf immer größer gewählt.

Dieses »Ready« vermittelt nun dem Hund, dass etwas Tolles folgt. Wenn der Hund dies verknüpft hat, wird dieses Spiel auf das Spielzeug umgepolt. Bitte beachten Sie, dass die Distanzen zu Beginn nicht zu groß gewählt werden, damit der Hund keinen Fehler machen kann. Das Spielzeug wird dem Hund gezeigt und vor ihm hingelegt. Der Hund wird ca. zwei Meter vom Spielzeug weg platziert und der Hundeführer löst den Start durch das »Ready-Steady-Go«-Kommando aus.

»Ready-Steady-Go«.

Zu Beginn helfen Sie dem Hund, indem Sie ihm mit der Hand zeigen, was Sie von ihm wollen.

Hebt hoch eure Füßchen.

Jetzt rennt der Hundeführer mit dem Hund zum Spielzeug. Wenn der Hund vor dem Hundeführer ankommt, wird gespielt. Sollte der Hundeführer vor dem Hund ankommen, ist es die Beute des Hundeführers. Dieser spielt nun mit dem Ball alleine und schaut den Hund nicht an. Danach gibt der Hundeführer dem Hund nochmals die Chance, sich das Spielzeug zu verdienen. Dies ist ganz wichtig: Hunde sind ja nicht blöd! Wenn vor allem etwas weniger motivierte Hunde merken, dass sie sich nicht bemühen müssen und der Hundeführer zum Spielzeug rast, dieses aufnimmt und dann mit ihnen spielt, werden sie sich denken: Warum anstrengen, wenn der Meister das selber übernimmt.

Das Spiel wird erst beendet, wenn der Hund gewinnt. Sollte der Hund partout nicht gewinnen wollen, so agiere ich so, wie wenn ich zu diesem Spielzeug hinrennen würde, dabei mache ich kleine Schritte und sehe zwar aus, wie wenn ich alles geben würde und renne, komme aber in der Tat nicht vorwärts. Sollte der Hund sich wider Erwarten nicht für das Spielzeug interessieren, nehme ich eine kleine Dose, lege Futter darauf und fange wieder von vorne an.

Achtung:

Wenn der Hundeführer gewinnt, wird das Futter samt der Dose aufgenommen, ansonsten wird sich Ihr Hund mit dem Beschnüffeln dieser Dose beschäftigen.

Sobald die Distanz größer wird, habe ich das Wort »Go« mit meinem »Vor« ersetzt. (»Vor« bedeutet nicht, dass der Hund vor mir sein soll, sondern es handelt sich dabei um ein Richtungskommando »geradeaus«.) Nun kann ich auch auf der Strecke zwischen Hund und Spielzeug Sprungausleger hinstellen und den Hund durch diese Ausleger durchlaufen lassen. Zu Beginn stelle ich die Ausleger so breit, dass ich mit dem Hund zwischendurch laufen kann und gehe dazu über, dass der Hund auf der inneren Seite der Ausleger durchläuft und ich auf der äußeren. Dieses Spiel wird in den folgenden Kapiteln noch variiert.

Bodenarbeit

Bei der ganzen Bodenarbeit macht Druck überhaupt keinen Sinn. Bleiben Sie ruhig und lassen Sie Ihren Hund sich entwickeln. Misserfolge bei diesen Übungen heißen noch lange nicht, dass Ihr Hund für Agility nicht geeignet ist. Manche brauchen einfach etwas länger.

Mit Pferden macht man sehr viele Übungen, damit sie ein Gefühl für ihre Beine und Hufe bekommen. Viele Vierbeiner sind sich wohl über die Vorhand bewusst, aber bei den meisten läuft die Hinterhand einfach mit. Es ist aber sehr wichtig, dass ein Agility-Hund über eine gute Koordination seiner Hinterläufe verfügt. Dazu gibt es einige sehr gute Übungen. Es geht hier auch nicht darum, dass der Hund dies möglichst schnell macht, machen Sie die Übungen ruhig (Konzentration erfordert Ruhe) und belohnen Sie die richtigen Ansätze.

Leiter laufen: Am besten eignet sich dafür eine alte Holzleiter, die keine gefährlichen Kanten aufweist. Diese legen Sie nun einfach auf den Boden und gehen mit Ihrem Hund ruhig darüber. Es geht zu Beginn darum, dass der Hund seine Pfoten in die Zwischenräume stellt und auch, dass er die Läufe leicht anheben muss und nicht einfach »schlurfen« kann. Bei größeren Hunden oder schon älteren Tieren kann man einen Untersatz darunter stellen, damit der Hund die Beine noch mehr anheben muss (bitte höchstens halbe Ellenbogenlänge, ansonsten fängt der Hund zu springen an und das ist nicht das Ziel der Übung). Sagen Sie noch nichts, der Hund lernt sehr schnell, nicht auf die Sprossen zu stehen, sondern die Beine so zu manövrieren, dass er sie in die Zwischenräume stellt. Höhere Schule ist dann allerdings das »richtige« Leiterlaufen, das heißt, dass der Hund auf den Sprossen läuft und nicht in

Erst langsam neben dem Hundeführer, danach auch selbständig.

Stangenmikado ist ein lustiges und lehrreiches Spiel für den Hund.

den Zwischenräumen. Lassen Sie sich inspirieren, aber überfordern Sie auf keinen Fall den Hund. Was leicht aussieht, erfordert viel Koordination.

Stangen laufen: Für junge Hunde eignet es sich sehr gut, leere Getränkedosen in der Mitte einzuknicken und darauf Stangen zu legen. Diese haben unterschiedliche Abstände und sind nahe beieinander gelegt. Wiederum geht es nur darum, dass der Hund geht oder maximal trabt und nicht springt. Keine Angst, sobald die Stangen auf Höhe seiner Ellbogen sind und der Hund mit mehr Tempo arbeitet, kann er gar nicht anders als springen. Sie bringen dem Hund also nichts Schlechtes bei. Wann immer der Hund jetzt die Stange berührt, sage ich »Äh-Äh«. Bei einer erfolgreichen Absolvierung lobe ich den Hund. Für mich gibt es zwischen Touchieren und Werfen keinen Unterschied, denn beim Touchieren ist es reine Glücksache, ob eine Stange fällt oder nicht. Erst bitte nur mit einer Stange, dann zwei, usw. Jedes Mal, wenn Sie sich sicher sind, dass der Hund bei der Übung Erfolg hat, legen Sie eine Stange dazu. Stangenmikado ist auch ganz lustig. Sie legen die Stangen in einen Kreis und auf einem Ende aufeinander. Somit werden die Stangen immer höher. Nun beginnen Sie am tiefen Ende und laufen diesen Kreis (Sie außen und der Hund über die Stangen). Wenn der Hund eine Stange berührt, kracht meist das Ganze zusammen und der Hundeführer muss das Hinderniss wieder aufbauen. Strafe muss sein und die Hundeführer sollen auch lernen, ruhig zu arbeiten. Bei meinen Schülern hat das bewirkt, vorsichtig mit dem Hund zu arbeiten und ihn nicht mit Geschwindigkeit zu überfordern. Sie können auch eine kleine

Baumstamm-Laufen: Helfen Sie mit einem Leckerchen, um dem Hund zu zeigen, was Sie von ihm wollen.

Pylone (wie im Obedience verwendet) in die Mitte stellen und die Stangen darauf stellen. Dies eignet sich für fast erwachsene Hunde, weil die Stangen dann etwas höher liegen. Übrigens eine gute Übung auch für routinierte Hunde.

Rückwärts gehen: Wenn der Hund diese Übung vorwärts erfolgreich kann, können Sie dies auch rückwärts versuchen. Wenn der Hund rückwärts läuft, erfordert dies eine immense Koordination über seine Hinterläufe. Rückwärts zu laufen lernen Sie am besten mit dem Clicker über das Shapen. Wenn Sie nicht mit dem Clicker arbeiten wollen, nehmen Sie ein Leckerchen und halten es dem Hund erst vor die Nase und fahren mit der Hand (inkl. Leckerchen) auf seine Brust. Um das Leckerchen nun zu erwischen, wird der Hund freiwillig rückwärts gehen. Üben Sie dies aber erst ohne irgendwelche Geräte. Wenn der Hund die Übung verstanden hat, können Sie alle oben erwähnten Übungen rückwärts machen. Wenn Sie nicht allzu hohe Treppenstufen haben oder einen nicht zu kleinen Hund (der auch nicht mehr zu jung ist), können Sie auch rückwärts Treppen steigen. Zu Beginn suchen Sie sich aber tiefe Stufen (zum Beispiel Bordsteine auf wenig befahrenen Straßen, versteht sich). Dies erfordert unendliche Konzentration. Beim richtigen Ausüben machen diese Übungen enormen Spaß. Bitte üben Sie nicht zu lange, sondern kurz und erfolgreich.

Lassen Sie den Hund keine schwierigeren Übungen machen, solange er unsicher ist und beispielsweise züngelt (Foto oben).

Balance-Übungen

Einleitend ist es für mich noch wichtig, dass die Hunde ein Führgeschirr tragen, somit kann ich sicher sein, dass, sollte der Hund die Balance nicht halten, ich ihm helfen kann und ihn im Notfall vor einem Absturz bewahre. Haben Sie nur Leine und Halsband, unterstützen Sie den Hund mit der Hand und stellen Sie sicher, dass Sie ihn vor einem Unfall bewahren können. Für einige Hunde ist es nicht einfach, die Balance zu halten. Diese ist für den Sport aber extrem wichtig. Viele Hunde, die die Bewegung der Wippe nicht mögen, haben oft auch Stress beim Autofahren, weil sie ein Problem haben, ihren Körper auszubalancieren. Der Hund soll von klein auf lernen, die Balance zu halten. Dazu gibt es in Welpenschulen schon einige tolle Geräte, wie Wackelbretter (dies sind Bretter mit Sprungfedern unten) oder ein rundes Brett, welches in der Mitte mit einer Kugel erhöht ist und auf alle Seiten kippen kann. Solche Geräte sind leicht nachzubauen. Die Hunde sehen unheimlich stolz aus, wenn sie einmal herausgefunden haben, wie sie das Gerät beherrschen und sich ausbalancieren können. Sie können aber auch den Hund ganz einfach über schmale Baumstämme laufen lassen. Aber aufpassen: Rutschgefahr! Versuchen Sie nur mal eine Wendung, schon da kann der eine oder andere wirklich Mühe haben. Wenn er zusätzlich »Sitz« und »Platz« machen muss, erfordert dies zusätzlich Konzentration. Auch lernt der Hund, sich auf schmalen Sachen zu bewegen, was danach auch für den Laufsteg wichtig ist. Viele Hunde mögen es nicht, wenn sich der Untergrund bewegt. Dazu gibt es auch einige Übungen. Das Schaukelbrett ist das Gerät, welches mir am besten gefällt. Es ist eine Transport-Palette, die zum Beispiel oben mit Teppich belegt ist. Alle vier Ecken sind mit Seilen versehen und diese werden an einen Baum geknotet. So ist es fast wie eine Kinderschaukel – nur breiter. Das Schaukelbrett braucht auch gar nicht hoch zu sein. Stellen Sie den Hund erst auf ein normales, stabiles Brett und drücken auf einer Seite ganz sachte gegen den Hund. Jetzt muss er lernen, dem Druck standzuhalten und zu kontern. Dies können Sie mit einem kleinen Hund zum Beispiel auch auf einem Stuhl üben. Den Stuhl heben Sie nun auf einer Seite an, so dass der Hund lernen muss, sich auch auf unebenen Bodenverhältnissen auszugleichen. Wenn der Hund gelernt hat, seinen Körper auszubalancieren, gehen Sie mit ihm auf das Schaukelbrett.

Versuchen Sie erst, das Brett ruhig zu halten, damit der Hund keinen Stress hat. Auch hier versuchen Sie in kleinen Schritten vorwärts zu gehen und den Hund nicht zu überfordern. Wenn der Hund sich sichtlich wohl fühlt und keine Beschwichtigungsmerkmale (wie züngeln, gähnen, etc.) zeigt, können Sie das Schaukelbrett leicht bewegen. Bestätigen Sie den Hund immer wieder zwischendurch und zwar nur in Situationen, in welchen er weder Angst noch Unsicherheit zeigt. Der Hund soll sich so wohl wie möglich fühlen. Versuchen Sie immer zu lächeln und den Spaß an solchen Übungen nicht zu verlieren. Es ist Training für den Ernstfall, hat aber mit Agility selbst noch nichts zu tun. Es heißt nicht, dass ein Hund, der sich zu Beginn diesen Geräten gegenüber sehr unsicher zeigt, später ein unsicherer Agility-Hund sein wird. Alles ist reine Übungssache.

Eine gesunde Vorsicht fremden Dingen gegenüber war und ist schließlich für Wölfe überlebenswichtig.

»Sitz« auf einem Baumstamm ist eine tolle Balance-Übung.

Wackelbretter sind gute Utensilien für sogenannte Stabilisationsübungen, welche die Feinmuskulatur ansprechen. Eine ausgebildete Physiotherapeutin wird Ihnen sicherlich genaustens erklären, wie Sie genau vorgehen sollen.

Nehmen Sie ein schmales Holzbrett und legen Sie in der Mitte beispielsweise einen kleinen halben Holzstamm oder einen flachen Stein darunter. Nun fungiert das Brett als kleine Wippe. Platzieren Sie den Hund vor diesem Brett und führen Sie ihn darauf. Wenn nötig, halten Sie ihm ein Leckerchen vor die Schnauze und motivieren ihn so, über das Brett zu gehen. Gehen Sie nicht zu schnell vorwärts, es ist wichtig, dass der Hund alle seine Pfoten auf dem Brett behält. Ist der Hund anfangs unsicher, bestätigen Sie bitte sehr häufig seinen Tatendrang und seinen Mut. Wenn der Hund den Mittelpunkt überwunden hat, kippt das Brett leicht und der Hund soll lernen, sich auf einem schwankenden Objekt auszubalancieren. Wenn der Hund diese Übung beherrscht, können Sie auf dem Kipppunkt ein »Sitz« oder »Platz« einführen. Dies fordert vom Hund noch mehr Balance, als einfach übers Brett zu gehen. Sollte der Hund zögern oder Unsicherheit zeigen, weil sich das Brett bewegt, versuchen Sie das Brett in ein Spiel zu integrieren. Manchmal ist es auch okay, einfach nur darüber zu hüpfen und mit einer Pfote zu berühren. Es ist in diesem Stadium egal, wenn er nicht zu 100% die Pfoten auf dem Brett behält, wichtig ist, dass er die Unsicherheit gegenüber diesem Brett verliert.

Machen Sie mit Welpen und Junghunden immer wieder eine Pause und bestätigen Sie oft. Sie werden es Ihnen mit Eifer und großer Aufmerksamkeit danken.

Kleine Wippe laufen: Gehen Sie nicht zu schnell vorwärts, es ist wichtig, dass der Hund alle seine Pfoten auf dem Brett behält.

Druck positiv vermitteln

Meine erste Hündin war der »Nullerhund« schlechthin. 90% der Läufe brachte sie auf dem Podest nach Hause. War es jedoch ein Qualifikationslauf für eine Weltmeisterschaft oder Schweizer Meisterschaft, hatten wir meist Fehler und schlechtere Zeiten. Das heißt, obwohl ich nach außen nicht nervös wirkte und auch sonst keinen anderen Führungsstil hatte, spürte mein Hund den mentalen Druck und konnte damit nicht umgehen. Auch sagte mir mal ein renommierter Hundesportler, dass mein Hund Druck nur negativ kenne. Das war für mich ausschlaggebend, darüber nachzudenken. Lässt sich Druck überhaupt positiv vermitteln? Da ich auch kleine Hunde besitze, habe ich versucht, in einer für den Hund positiven Situation wie dem Spiel Druck positiv zu vermitteln. Wenn der Hund bei Zerrspielen motiviert ist, dann beuge ich mich während des Spiels über den Hund (dominante Gestik) und lasse in diesem Moment den Hund gewinnen. Zusätzlich kann ich auch noch knurren und den Hund gewinnen lassen. Dass dieses Spiel nur bei Teams angewendet werden soll, bei welchen die Rangordnung auch stimmt, versteht sich von selber. Bei einem eher scheuen, unsicheren Hund, versuche ich dies in angenehmer Umgebung (zum Beispiel zu Hause) umzusetzen und nach und nach auch in Situationen, in denen der Hund nicht ganz sicher ist. Seien Sie sich bitte immer bewusst, dass klein sympathisch ist. Je kleiner also der Hund, je kleiner machen Sie sich bitte. Setzen Sie sich auf den Boden und wenn nötig können Sie auch liegen, damit der Hund Vertrauen zu Ihnen aufbaut. Dieses Vertrauen wird in Ihrer ganzen sportlichen Laufbahn das wichtigste Utensil sein. Arbeiten Sie das ganze Leben lang an dieser Beziehung, es wird sich lohnen.

Wichtig ist, dass der Hund merkt, dass Druck auch eine Chance zum Gewinnen sein kann. Mein junger Hund hat zwar zu Beginn unter Druck überdreht und übermotiviert ein falsches Gerät genommen, dies hat sich aber nach wenigen Wettkämpfen unter größerer Belastung gelegt. Ich variiere den Gewinnschlüssel, einen schwachen Hund lasse ich acht- von zehnmal gewinnen, aber trotzdem muss auch ein schwacher Hund lernen, mit dem Verlust des Spielzeuges umzugehen. Einen starken Hund lasse ich nicht so oft gewinnen.

Viele Leute sagen, dass ihr Hund nicht spielt. Spielen Sie bitte mit Ihrem Welpen in ablenkungsfreier Umgebung. Für Wolfswelpen ist es überlebenswichtig, sich bei Gefahr beim Spielen schnell ablenken zu lassen, sonst werden sie gefressen. Schließlich schlummert in unseren Hunden in vielerlei Hinsicht noch das Verhalten seiner Vorfahren. Also erst wenn der Hund mit Ihnen freudig drinnen in gewohnter Umgebung spielt, gehen Sie nach draußen in den eigenen Garten, den er gut kennt. Danach auf seinen gewohnten Spaziergang. Erst wenn der Hund da spielt und aufmerksam ist, suchen Sie die Ablenkung auf dem Hundeplatz.

Ich versuche meine jungen Hunde ebenso mit einer lauten Stimme an Druck zu gewöhnen. Zu Beginn lasse ich den Hund sitzen und rede ziemlich scharf (am Anfang noch leise) mit ihm, »Aufpassen!«, »Warten!«, was mir so alles in den Sinn kommt, darauf folgt ein motivierendes »Go« (Auslösewort) und der Hund kann ausgelassen herumrennen oder mit mir spielen. Wenn der Hund sich wohl fühlt, werde ich lauter und »böser«. Bei meiner jungen Sheltiehündin sieht das folgendermaßen aus: Ich setze oder lege sie hin, dann beuge ich mich über sie und »schreie« sie an »Aufpassen«! Voller Freude sitzt sie da, weil sie ja weiß, dass nun etwas Tolles folgt (wie das Schuheanziehen, das ein Versprechen auf einen Spaziergang ist, etc.). Die Vorderläufe hüpfen vor Aufregung schon wie beim Stepptanzen, manchmal kläfft sie auch vor Aufregung. Mit einem »Go« lasse ich sie laufen und sie findet dieses Spiel toll. Beim Sheltie ist es oft so, dass er dem Druck des Hundeführers oder des Wettkampfes nicht standhält. So versuche ich, den Hund mit solchen Spielen im Vorfeld schon etwas stärker zu machen.

Immer wieder beobachte ich, dass Hunde nach einem Fehler im Parcours in der Motivation sinken. Was kann dagegen getan werden? Jeder Mensch hat eine Art, seiner Enttäuschung Ausdruck zu verleihen. Es ist auch nicht sehr sinnvoll, dass Sie an einem Wettkampf Ihre Enttäuschung zu verbergen versuchen. Ihr Hund merkt es sowieso. Sie können sich besser kennenlernen, wenn Sie sich im Training oder an einem Wettkampf mal filmen lassen. Es kann sein, dass zum Beispiel die Schultern leicht herunterhängen, die Körperspannung zusammenfällt und Ihnen zum Beispiel ein Wort rausrutscht. Es wäre doch schön, wenn der Hund gar nicht oder nur positiv auf unser Verhalten einginge. Sobald ich mich besser kenne und weiß, wie ich bei einem Fehler reagiere, kann ich doch genau dieses Verhalten so nutzen, dass es ein Spiel auslöst. Ich nehme also das Lieblingsspielzeug meines Hundes in die Hand, lasse zum Beispiel die Schultern hängen, verliere die Körperspannung und sage zum Beispiel ein Wort, welches mir auf dem Parcours auch rausrutscht, um dann plötzlich aus heiterem Himmel ein Spiel einzuleiten.

So kann der Hund lernen, dass dieser Ausdruck nichts Schlimmes zu bedeuten hat. Meine Hunde fallen bei einem Fehler in der Motivation nicht zusammen, sondern im Gegenteil, sie drehen nochmals richtig auf. Natürlich gibt es Hunde, denen Druck egal ist, weil sie richtige Arbeitsmaschinen sind. Handelt es sich aber um etwas weniger motivierte Hunde, lohnt es sich, diese Spiele auszuführen.

Fuß-Piedi-Übungen

Das Allerwichtigste, was ein Agilityhund beherrschen soll, ist, dass er nicht nur auf der Fuß-Seite (also auf der linken Seite des Hundeführers oder linksgeführt) gehen und rennen kann, sondern auch auf der rechten Seite (rechtsgeführt). Ich nenne die rechte Seite »Piedi«. Sie können diese Seite »Close«, »Hand« oder ähnlich benennen. So wie ich dem Hund die Fuß-Seite beigebracht habe (zum Beispiel mit Leckerchen oder Spielzeug), genauso bringe ich ihm das Kommando für die rechte Seite bei.

Der Hund soll lernen, die Seite zu halten: Sie setzen Ihren Hund hin, entfernen sich ein paar Schritte, halten Futter oder Spielzeug in der Hand bereit (auf der Seite, auf welcher Sie Ihren Hund abrufen). Sie stehen in der gleichen Laufrichtung wie der Hund, rufen ihn und bestätigen ihn, wenn er auf der Seite ankommt, auf der Sie ihn haben wollten. Drehen Sie den Kopf zur Seite und schauen Sie den Hund dabei an. Dadurch zeigen Sie dem Hund mit einer zusätzlichen Hilfestellung, auf welcher Seite Sie ihn erwarten. Als nächsten Schritt gehen Sie einige Schritte gerade vom Hund weg. Wenn der Hund fast bei Ihnen ist, drehen Sie sich um 180°. Drehen Sie sich bitte so langsam, dass der Hund folgen kann. Drehen Sie sich zu schnell, wird der Hund hinter Ihrem Rücken die Seite wechseln. Der Hund soll lernen, sich neben uns zu bewegen: Gehen Sie in einem nicht zu kleinen Kreis (sonst wird Ihnen schwindelig), der Hund befindet sich auf Ihrer Außenseite. Dies üben Sie auf der Fuß-Seite und auf der Piedi-Seite. Der Hund soll dabei die Seite nicht wechseln. Wenn der Hund nun die Seite halten kann, lassen Sie ihn die Seite wechseln. Schlagen Sie mit der Zeit Haken, dabei bewegen Sie sich im Innenkreis und lassen den Hund immer wieder die Seite auf den Außenkreis wechseln. Der Hund dreht sich bei einer Wendung in diesem Stadium in Ihre Richtung.

»Change«-Übung

Der Hund soll lernen, hinter Ihrem Rücken von der Fuß- auf die Piedi-Seite zu wechseln. Das Kommando dafür kann »Change« sein. Dieses Kommando ist wertvoll, wenn später der Agilityhund mit einem »Japaner« oder »Franzosen« (Bewegungsabläufe innerhalb eines Agilityparcours), also einem blinden Wechsel, abgenommen wird und wir einen Change-Dreher machen möchten.

Dafür befindet sich der Hund auf unserer Fuß-Seite, das Leckerchen oder der Ball ist in der rechten Hand. Gehen Sie etwa 20 cm nach vorne, das ist zu Beginn einfacher. Die rechte Hand wird nun hinter den Knien durch auf die andere Seite geführt, um dem Hund zu helfen.

Nun wird der Hund per Spielzeug oder Leckerchen motiviert, zum anderen Bein zu gehen. Drehen Sie sich dabei etwas in die Richtung, in welche der Hund gehen soll, um ihm zu helfen. So muss er nicht so weit zur anderen Seite gehen, sondern nur einen 90°-

Change-Übung: Der Hund soll lernen, hinter Ihrem Rücken von der Fuß- auf die Piedi-Seite zu wechseln.

Winkel laufen. Sobald der Hund die Übung begreift, setzen Sie auch das Handzeichen ein. Sitzt der Hund auf der linken Seite, schwingen Sie den linken Arm leicht nach hinten und die Hand deutet hinter dem Rücken durch auf die andere Seite. Hinter dem Rücken können Sie in die Hände klatschen. Dies erleichtert es Ihnen zu wissen, welche Hand Sie wann brauchen. Wechseln Sie das Leckerchen oder den Ball von der linken in die rechte Hand. Wenn der Hund beim rechten Bein angekommen ist, bekommt er das Leckerchen oder den Ball.

Erschweren Sie die Übung, indem Sie Ihren Hund vor sich sitzen lassen (dabei schauen Sie sich gegenseitig an) und schwingen den linken Arm nach hinten und sagen »Change«. Daraufhin wird der Hund von Ihrem linken Bein um Ihre Beine herum auf die Piedi-Seite gehen.

Mein Tipp: Diese Übung eignet sich, um das »Change« im Agility aufzubauen.

»Geh rum«- oder Turn-Übung: Der Hund lernt, im Uhrzeigersinn um die Beine zu laufen.

»Geh rum«- oder Turn-Übung

Im Gegensatz zum Change soll der Hund nicht nur hinter uns durchlaufen, sondern erst noch vor unseren Füßen durch. Eigentlich möchte ich als Hundeführer ja nicht, dass der Hund vorne reinrennt und mich bedrängt (das wäre ja ziemlich frech, weil er mich ausbremsen möchte), sondern er soll sich brav von mir wegschieben lassen. Früher habe ich diesen Kreisel mit Handtarget und dem Change erarbeitet. Da es aber immer mehr Situationen in den Parcours hat und ich nicht immer stellen will, möchte ich, dass der Hund lernt, diese Sequenz selber abzuarbeiten. Der Hund steht nun am linken Bein und soll um mich herum (und zwar im Uhrzeigersinn) wieder ans linke Bein. Ich führe ihn nun mit einem Keks in der rechten Hand um mich rum und belohne ihn mit der linken Hand, wenn er wieder am linken Bein steht. Dasselbe mache ich natürlich auch auf der anderen Seite (siehe Fotos oben).

»Mitte«

Der Hund lernt, sich zwischen die gegrätschten Beine hinzusetzen. Diese Übung ist für Agility bestimmt nicht lebenswichtig, kann jedoch hilfreich sein. Sehr oft hat ein Agilityteam ein Startritual und dieses »Sitzen zwischen die gegrätschten Beine« kann eines sein. Bei mir heißt es »Mitte«. Der Hund weiß, dass es losgeht, sobald er »Mitte« sitzt. Als Hundeführer kann ich mich am Start im perfekten Winkel hinstellen und den Hund in die Mitte rufen. Wenn ich hingegen den Hund Fuß nehme oder Front sitzen lasse, muss ich ihn vielleicht ein- oder zweimal ausrichten, bis er richtig steht oder sitzt. Und so bauen Sie die »Mitte« auf: Setzen Sie Ihren Hund hin und lassen Sie ihn warten. Sie positionieren sich einen Schritt weiter vorne (in die gleiche Richtung stehend wie der Hund), grätschen die Beine und motivieren den Hund mit dem Leckerchen in der Hand, zu kommen. Sobald der Hund zwischen Ihren Beinen ist, bekommt er das Leckerchen. Gehen Sie nun zwei Schritte vor den Hund und variieren Sie die Distanz und den Winkel, bis der Hund mit dem Kommando »Mitte« zwischen Ihre Beine kommt. Wie gesagt, eine nette und lustige Übung.

Mein Hund kann auch »rückwärts einparken«, der Befehl dafür ist »Garage«. Der Hund kommt auf mich zu. Das Leckerchen ist in der rechten Hand. Mit diesem wird der Kopf des Hundes in einem Halbkreis von mir weggedreht. Mit dem Leckerchen wird der Hund in eine halbe Drehung geführt und dann rückwärts zwischen den Beinen eingeparkt. Nun gehe ich einen Schritt vorwärts, um dem Hund die Übung zu Beginn etwas zu erleichtern. Im nächsten Schritt sollte der Hund selbständig rückwärts gehen, um so zwischen die Beine zu laufen. Mit dem Befehl »Mitte« können Sie auch Rechts- und Linksübungen einbauen. Der Hund sitzt zwischen Ihren Beinen, Sie führen ihn mit der linken Hand (Sie haben ein Leckerchen in beiden Händen) um Ihr linkes Bein. Der Hund wird dem Leckerchen nachlaufen. Wenn die Reichweite dieser Hand zu Ende ist, geben Sie dem Hund das Leckerchen, gehen in dieser Zeit mit der rechten Hand (immer noch mit Leckerchen bestückt) durch die Beine und holen den Hund wieder ab, damit dieser wieder zwischen Ihren Beinen in der Mitte sitzt. Diese Übung wiederholen Sie mit dem Links- und Rechts-Kommando solange, bis Sie nur noch ganz feine Hilfestellungen mit der Hand geben müssen und zum Schluss kein Handzeichen mehr brauchen. Natürlich gehen Sie dabei keiner bestimmten Reihenfolge nach, sondern benützen »Links« und »Rechts« eher im Zufallsprinzip. Je besser der Hund die Richtungssignale in jeglichen Situationen zu verstehen lernt, desto besser können Sie diese nachher auch anwenden. Lassen Sie den Hund nicht immer eine Acht laufen, sondern auch zwei- bis dreimal um das linke Bein, dann um das rechte.

Der Hund lernt, sich zwischen die Beine zu setzen.

Die Tanzen-Übung erfordert viel Geschick und Geduld.

Tanzen

Ihr Hund hat »Mitte« gelernt und findet diese Position schon toll und zeigt keinerlei Unsicherheiten. Nun behalten Sie Ihre Füße immer näher beieinander und versuchen, die Knie auseinanderzudrücken. (Sie haben nun O-Beine im höchsten Grade.) Nun muss sich der Hund bei jedem Mal »Mitte« mehr durch diese Öffnung zwischen Ihren Beinen durchzwängen. Loben Sie Ihren Hund erst, wenn er mit den Pfoten auf Ihren Schuhen steht. Wenn diese Position für den Hund angenehm ist und er schon viele Leckerchen erhalten hat, versuchen Sie behutsam, einen Fuß zu heben. Ganz leicht, nicht hoch und loben dann den Hund. Beobachten Sie bitte Ihren Hund, Ihre Position ist sehr dominant und könnte viel Stress verursachen. Wenn dem so sein sollte, gehen Sie bitte wieder einen Schritt zurück. Gehen wir davon aus, wenn alles super läuft, können Sie versuchen, in minimal kleinen Schritten vorwärts zu gehen. Als Steigerung zur Seite und im Kreis und als schwierigstes Element rückwärts. Bitte nur in kleinen Schritten und nicht Ihren vierbeinigen Freund treten. Mit diesen Übungen muss der Hund lernen, die Verschiebung der Vorderhand mit der Hinterhand zu korrigieren. Keine leichte Aufgabe die viel Geschick fordert. Sie schlagen mit dieser Übung zwei Fliegen mit einer Klappe: Sie trainieren einerseits die Koordination, andererseits lernt der Hund, dass keine Position unangenehm oder gefährlich ist.

Der Handtarget, das »Tschig-Tschig-Tschig« oder »Qui-Qui-Qui«

Der Hund lernt beim Befehl »Tschig-Tschig-Tschig« nur den Finger (einfacher bei kleinen Hunden) oder die ganze Hand anzuschauen und diese mit der Nase zu berühren. Keine Sorge, der Hund wird später im Parcours den Finger nicht berühren, da Sie ihn sogleich wieder auf ein Gerät schicken. Der Hundeführer hält das Leckerchen in der Hand eingeklemmt, der Zeigefinger ist ausgestreckt. Nun hält er die Hand dem Hund vor den Fang, dieser wird nun, angeregt durch den Geruch des Leckerchens, mit der Schnauze den Finger berühren. Die Hand geht auf, und der Hund erhält das Leckerchen. Sobald der Hund die Übung kennt, kann das Kommando »Tschig« eingeführt werden. Als nächsten Schritt halten Sie das Leckerchen in der anderen Hand. Jetzt muss der Hund vom Leckerchen weg erst den Finger berühren und erhält dann das Leckerchen aus der anderen Hand. Solange der Hund das Kommando »Tschig-Tschig-Tschig« hört, soll er nur den Finger anschauen. Jetzt kann bei einem fortgeschrittenen Agilityhund ein Gerät mit eingebaut werden, zum Beispiel ein Sprung. Solange der Hund den Befehl »Tschig-Tschig-Tschig« hört, soll er die Hand oder den Finger des Hundeführers anschauen. Um es dem Hund etwas einfacher zu machen, bewegen Sie den Finger auf und ab, der Arm bleibt dabei nahe am Körper. Der Hundeführer läuft nun um den Sprung herum und der Hund wird fürs Fingeranschauen bestätigt. Wechseln Sie bitte ab zwischen dem »Über-den Sprung-Gehen« und dem Kommando »Tschig-Tschig«. So weiß der Hund nie, was von ihm verlangt wird und das Kommando kann auf diese Weise geübt werden. Später beim Parcours ist es unerlässlich, dass der Hund nur den Hundeführer anschaut, sich auf den Finger oder die Hand konzentriert und erst danach das nächste Gerät freigegeben wird. Konsequenterweise muss der Hund im Training immer wieder den Finger berühren und darf erst danach auf ein Gerät zusteuern.

Aufbau »Tschig-Tschig-Tschig«: Der Hund berührt zuerst den Finger oder die Hand.

Dann erhält er das in der Handinnenseite versteckte Leckerchen.

Versuchen Sie, Ihren Hund möglichst hoch in den Trieb zu bringen.

Ansonsten flacht das Kommando ab und der Hund kommt nicht mehr zum Hundeführer, sondern läuft direkt zum nächsten Gerät.
Wenn ich den Hund »stelle«, mache ich eine Faust. Das heißt, der Hund soll nicht meine Hand berühren, sondern nahe am Bein bleiben. Diese Übung eignet sich vor allem für Hunde, die eher auf Geräte fokussiert sind. Diese Hunde steuern lieber die Geräte an, als dass sie den Hundeführer beachten oder gar zu ihm hinlaufen. Das bedeutet nicht, dass die Beziehung Hund – Hundeführer schlecht ist, sondern Hunde haben ihre eigene Persönlichkeit, auch wenn sie genau denselben Aufbau genossen haben. So ist beispielsweise mein Small-Hund gerätefokussiert und der Medium-Hund eher der, der mich anschaut. Bei meinen Border Collies ist der eine eher ein »Mammihöck« und der andere geht schon mal schauen, ob er den Parcours selber zusammenstellen kann. Jedoch sollte bei jedem Team ein Gleichgewicht zwischen nahe und weiter weg arbeiten herrschen. So hat jeder was zu tun.

Warten

Immer wieder höre ich, dass der Hund natürlich zu Hause warten kann, aber sobald er Agility-Geräte vor der Nase hat, sind alle guten Vorsätze vergessen und der Hund prescht unerwartet los. Natürlich kann der Hund zu Hause in einer normalen Trieblage warten, nur wird mit Agility eine Triebsteigerung ausgelöst, das heißt, der Hund ist viel höher im Trieb als zu Hause im Garten, wenn es um nichts geht. Diese Triebsteigerung kann sehr wohl zu Hause etwas simuliert werden. Bei einem verfressenen Hund mit Futter und bei einem spielfreudigen Hund mit Spielzeug. Das »Ready-Steady-Go-Spiel« haben wir bereits geübt. Jetzt machen wir es für den Hund etwas schwieriger: Wir halten den Hund fest und werfen den Ball. Der Hundeführer geht ein paar Schritte weiter nach vorne und dehnt das »Reeeaaady-Steeeaaady« richtig aus. Dazu kann man noch wippende Bewegungen machen. Wichtig ist bei dieser Übung, dass eine Hilfsperson sich bei dem Spielzeug/Futternapf positioniert und dieses schnell wegnimmt, damit der Hund

sich selbst für einen Fehlstart nicht bestätigen kann.
Was bei den meisten Hunden ein Problem darstellt, ist, dass der Hund meistens nach vorne bestätigt wird. Damit genau diese Erwartungshaltung nicht einseitig verlagert wird, wird dem Hund fürs Warten das Leckerchen ins Maul gegeben oder das Spielzeug hinter den Hund geworfen. Diese Übung eignet sich auch für fortgeschrittene Hunde, welche das Warten nicht bedingungslos ausüben. Ich war mit einem meiner Border Collies so weit, dass ich den ganzen Parcours abgerannt bin, während er seine Startposition halten musste. Auch gab ich alle für den Parcours relevanten Kommandos – außer dem Auslösekommando – am Start. Mit etwas Phantasie kann diese Übung beliebig ausgebaut werden.

Abrufübungen

Bei dieser Übung soll der Hund lernen, die Seite zu halten. Der Hund sitzt auf der linken Seite und der Hundeführer entfernt sich einen oder zwei Schritte. Er hält das Spielzeug oder Leckerchen in der linken Hand und ruft den Hund zu sich. Sobald der Hund sich auf der linken Seite des Hundeführers befindet und den Kontakt sucht, wird er bestätigt. Diese Übung wird auf der Fuß- wie auch auf der Piedi-Seite ausgeführt. Wenn der Hund diese Übung beherrscht, dreht sich der Hundeführer, sobald der Hund zu ihm aufgeschlossen hat, im 90°-Winkel vom Hund weg. Beachten Sie, dass Sie sich so langsam drehen, dass Sie den Hund immer sehen, sonst wird der Hund hinter Ihrem Rücken kreuzen.
Diese Übung machen Sie links und rechts. Sobald diese Übung klappt, wird der Hund abgerufen und der Hundeführer macht eine Kehrtwendung vom Hund weg. Der Hund folgt auf der Seite, auf welcher er ursprünglich abgerufen wurde. Als Abwechslung können Sie den Hund »Through«, »Mitte« abrufen oder an Ihnen hochspringen lassen. So weiß der Hund nie, welches Verhalten nach dem Abrufen von ihm erwartet wird.

Bein-Seite halten

Das wohl Wichtigste im Agility ist, dass der Hund auf der Seite läuft, auf der ihn der Hundeführer auch haben will. Das heißt, dass der Hund lernen muss, nur die Seite zu wechseln, wenn wir ihm dies anzeigen. Der Hund befindet sich zum Beispiel auf der Fuß-Seite und der Hundeführer läuft los – erst langsam, dann steigert er das Tempo (rennen) – und der Hund bleibt immer auf der linken Seite.
Es ist sehr wichtig, dass der Hundeführer den Hund anschaut und ein klares Handzeichen gibt. Halten Sie zu Beginn der Übung noch Leckerchen oder Spielzeug in der Hand, damit der Hund auf der gewünschten Seite bleibt. Die meisten Hunde mögen es, wenn man die Führhand nimmt, das heißt die Hand, die sich näher beim Hund befindet. Bei Border Collies, die – vor allem im Aufbau – zu große Kurven machen und an den Hürden vorbeirennen, empfehle ich, die Gegenhand zu nehmen und diese dabei so vor den Bauch zu halten, als würde auf der Hand ein Serviertablett liegen.
Deshalb nennt man diese Art auch »Servieren«. So zeigt der Hundeführer dem Hund die Front und der Hund »klebt«. Wenn Sie diese Führweise wählen, müssen Sie zwangsläufig schneller sein als Ihr Hund, ansonsten bremsen Sie ihn und er wird nur Ihr Tempo laufen. Nach und nach bauen Sie Wendungen und

Kehrtwendungen ein. Bei den Kehrtwendungen wird sich der Hund natürlicherweise immer in Ihre Richtung drehen, weil er ja das Spielzeug oder Leckerchen will. Zwischendurch wird immer wieder belohnt, damit er freudig und motiviert weiterarbeiten möchte. Nicht vergessen: Immer wieder die Richtungskommandos einbauen, damit der Hund sie verstehen lernt.

Wenn der Hundeführer die Hände nach unten hält, soll der Hund zu ihm drehen. Wenn der Hundeführer den Gegenarm benützt (siehe vom Hundeführer wegdrehen), soll der Hund von ihm wegdrehen. Der Hundeführer geht über das Gelände und dreht beliebig zum oder gegen den Hund und schlägt dabei Haken. Führen Sie zu Beginn die Übungen langsamer aus und werden Sie mit der Zeit immer schneller.

Zonentarget

Mit dieser Übung soll der Hund lernen, zu einem Target hinzugehen und dieses mit der Nase anzustupsen. Ein Target ist nichts anderes als ein Plättchen, Plastikdeckelchen oder ein Stück Teppich. Ich bevorzuge ein Mauspad, dieses kann ich nach und nach abbauen, indem ich es immer wieder halbiere. Da einige Hunde sehr stark auf visuelle Hilfen reagieren, würde ich für die routinierteren Targetstupser ein durchsichtiges Plättchen wählen. Bei verfressenen Hunden arbeite ich gerne ohne Futter und benütze lieber den Clicker.

Mit Futter: Futterstück dem Hund zeigen, auf das Target legen und danach mit einigem Abstand - beispielsweise mit dem »Ready-Steady-Go« - den Hund auf das Target schicken. Sollte der Hund beim Target verweilen und ständig daran herumschnuppern (und vor allem mehr Futter wollen), kann man Abhilfe schaffen, indem man dem Hund (nachdem er das Futter auf dem Target gegessen hat) ein Futterstück vor die Nase hält und ein Auslösewort - beispielsweise »Go« - gibt. Der Hund soll lernen, nicht nur auf das Target fixiert zu sein, sondern sich auf das Kommando »Go« wieder dem Hundführer zuzuwenden. Nach und nach vergrößern Sie den Abstand zum Target und werfen auf das »Go« auch mal ein Spielzeug von Ihnen weg oder lassen den Hund zu Ihnen hinlaufen und geben ihm das Spielzeug oder Futter aus der Hand.

Ohne Futter mit dem Clicker: Ein Blick des Hundes geht in Richtung Target: Click! Das Bestätigungshäppchen wird in Richtung des Targets geworfen. Das Verhalten des Hundes wird nun soweit geformt, bis der Hund das Target mit der Schnauze berührt: Click! Der Hund kann sich auf diese Weise viele Leckerchen verdienen. Es sieht irgendwann aus wie diese Wackeldackel ... und jedes Mal, wenn der Hund das Target berührt, clicken Sie. Es geht darum, dem Hund mitzuteilen, wo er sich bei der Zone positionieren soll, ohne dass der Hundeführer daneben stehen muss. Halten Sie bitte die Clickerfrequenz am Anfang sehr hoch, d.h. dass Sie oft und kurz hintereinander clicken, so wird der Hund den Spaß am Targetstupsen nicht verlieren und an diesem Ort verharren wollen.

Tipp: Ich baue das Zonentarget lieber mit dem Nasenstupsen als mit dem Pfotenstupsen auf. Benutzt er die Nase, bleiben die Pfoten ruhig auf den Zonen stehen. Wenn er gelernt hat, mit den Pfoten das Target zu berühren, dann spickt eventuell das Target weg und der Hund wird mit den Beinen hektisch auf den Zonen sein.

Aufbau Zonentarget: Zuerst muss der Hund lernen, vom Hundeführer wegzugehen und das Target mit der Nase anzustupsen.

Zonentraining auf der Treppe

Sobald der Junghund das Alter erreicht hat, wo er durch die Belastung keine gesundheitlichen Schäden davonträgt, übe ich die Zonen auf der Treppe. Dies hat den Vorteil, dass ich fast überall üben kann und sei dies auch nur auf drei Stufen. Idealerweise ist die Treppe breit, so dass Hund und Hundeführer sich nicht in die Quere kommen. Das Ziel dieser Übung ist es, dass die Vorderläufe auf dem Boden am unteren Teil der Treppe stehen und die Hinterläufe auf der dritten Stufe. So lernt der Hund den absteigenden Winkel. Die Treppe bietet zudem den Vorteil, dass ich den Hund korrigieren kann (zum Beispiel den Hund hochheben und erneut richtig hinstellen, wenn der Hund seitlich wegkippt). Im Idealfall brauche ich dann das Target nur noch wenige Male auf der Zone, weil der Hund den Rest schon auf der Treppe gelernt hat. Der Hund geht voraus die Treppe runter zum Target und verharrt dort, bis entweder der Hundeführer zum Hund aufgeschlossen hat und das »Go« gibt - oder der Hundeführer bleibt hinten und lässt den Hund mit einem »Go« zu sich zurückkehren. Der Hund soll lernen, bei diesem Target stehen zu bleiben, auch wenn der Hundeführer sich bewegt und dass er seine Position nur auf ein verbales Auflösekommando wie »Go« verlassen darf. Der Hundeführer versucht mit der Zeit, andere Positionen einzunehmen - beispielsweise vorausrennen, rumhüpfen oder auch seitlich weggehen. Hat der Hund diese Übung einmal begriffen, ist es ein Einfaches, den Hund später auf der Kontaktzone selbständig arbeiten zu lassen.

Bewegt sich der Hund zu früh, wird er mit einem »Äh-Äh« an die Position zurückgetragen. Hat der Hund sich bewegt, heißt das, dass der Hundeführer den Lernschritt zu groß gewählt, die Zeitspanne zu lange oder die Bewegungen zu hektisch ausgeführt hat. Lassen Sie den Hund nicht seine Fehler aufzeigen, sondern seine Begabung. Gehen Sie ruhig wieder einen Schritt zurück und vereinfachen Sie die Übung. Manchmal sind es Zentimeter oder Sekunden, die über den

Erfolg einer Übung entscheiden. Lassen Sie dem Hund Zeit, die Übung zu begreifen. Er wird es Ihnen danach auf der Kontaktzone danken. Nichts Schöneres als ein Hund, der unabhängig von Ihrer Position die Zone selbständig arbeitet.

Auf die Zonen stellen

Stellen Sie den Hund so auf die Abgangszone, dass die Vorderpfoten auf dem Gras stehen und die Hinterpfoten auf dem Laufsteg sind (siehe Foto 1). Füttern Sie den Hund und machen Sie ihm diese Position so angenehm wie möglich. Zuerst können Sie sich neben den Hund setzen, versuchen Sie später zu stehen und sogar einige Schritte wegzugehen. Der Hund soll in dieser Position verharren, bis Sie ihm das Auflösekommando zum Beispiel »O.K.«, »Go« oder »Gut« geben. Sie können diese Übung mit der Zeit erschweren, indem Sie hektische Bewegungen machen oder andere Wörter außer dem Auflösekommando benützen. Der Hund soll lernen, bedingungslos stehen zu bleiben. Diese Übungen können Sie beliebig variieren, der Fantasie sind keine Grenzen gesetzt. Gehen Sie – wie immer – nicht in zu großen Lernschritten voran. Wenn der Hund die Zone verlässt, stellen Sie ihn einfach mit einem »Äh-Äh« wieder auf die Zone und gehen einen Lernschritt zurück.

Mein riesiges Border-Pony-Tier habe ich gezielt im ersten Jahr auf die Aufgangszonen sensibilisiert. Wie das geht? Ganz einfach: Setzen Sie sich auf die Zone und rufen den Hund zu sich. Sobald der Hund mit den Vorderbeinen die Zone zwischen der ersten und zweiten Klimmlatte berührt, spielen Sie mit ihm oder füttern ihn. Der Hund soll lernen, dass Auf- und Abgangszonen toll sind.

Dadurch, dass ich meinen Hund während dem Aufbau immer am selben Ort bestätigt, die Winkel und Distanzen mit der Zeit verändert habe, hat er gelernt (automatisiert), seinen Galoppsprung so einzuteilen, dass er auch später bei hohem Tempo IMMER (und das ist heute mit bald sechs Jahren und vielen Wettkämpfen) am selben Ort »aufschlägt«.

1

Der Junghund wird auf die Abgangszone gestellt und gefüttert.

2

Der Junghund wird auf die Aufgangszone gestellt und gefüttert.

Beim »Out« lernt der Hund, dass sich der Hundeführer bewegt, während er ein Gerät absolviert.

»Out« (Arbeitsdistanz vergrößern)

Der Hund arbeitet in einer bestimmten Arbeitsdistanz kreisförmig zum Hundeführer. Diese Distanz ist je nach Trieblage und Art des Hundes größer oder kleiner. Hunde mit sehr großer Arbeitsdistanz müssen lernen, in der Nähe des Hundeführers zu arbeiten und Hunde mit kleiner Arbeitsdistanz, diese zu vergrößern. Mit dem »Voran« beispielsweise lernt der Hund, diese Distanz nach vorne zu vergrößern. Beim »Out« wird diese Distanz auch seitlich vergrößert. Ich sage meinem Hund mit diesem Befehl: »Geh raus und mach das alleine.« Vor allem wenig motivierte Hunde fühlen sich zu Beginn auf der größeren Arbeitsdistanz nicht wohl. Mit der nötigen Routine kann dem Abhilfe verschafft werden. Es gibt viele Dinge, um die Sie Ihren Hund schicken können – beispielsweise eine Hecke, eine Parkbank, ein Fußballtor, einen Zaun, eine Baum- oder Buschgruppe oder das Clubhaus. Fangen Sie bitte klein an, zum Beispiel mit einem dünnen Baum. Der Hund steht auf der linken Seite, strecken Sie ihm mit dem rechten Arm auf der anderen Seite des Baumes ein Leckerchen entgegen. So lernt er bald, was die Übung soll. Sie können ihn nach und nach von immer größerer Distanz um diesen Baum schicken. Dabei lernt er, dass – während er ein Gerät absolviert – Sie sich bewegen. Bereits jetzt können Sie einen »Belgier« einleiten (der »Belgier« ist ein Frontwechsel). Das heißt, wir drehen uns vor dem Hund so, dass er einen Seitenwechsel machen kann. Während der Hund nun um den Baum rennt, dreht der Hundeführer sich um 180 Grad und empfängt den Hund auf der anderen Seite. Wichtig dabei ist, dass der Hundeführer den Hund immer sieht und sich nur so schnell dreht, dass er auch folgen kann. Dazu später mehr im Kapitel »Die Ausbildung des Junghundes mit Geräten«.

Mit Hilfe eines Spielzeuges oder Futter wird der Hund vom Hundeführer weggedreht.

Vom Hundeführer wegdrehen

Mit diesen Übungen lässt sich sehr gut das Links- und Rechtskommando erlernen. Vor allem lernt der Hund, sich vom Hundeführer wegzudrehen. Über die Hand wegschicken: Wenn wir uns mit dem Hund hin und her bewegen, der Hund die eine Strecke am linken Bein geht und wir eine 180°-Drehung machen und den Hund an das rechte Bein nehmen, wird sich der Hund immer mit dem Kopf zu uns drehen. Er ist es ja gewohnt, uns immer anzusehen (er könnte ja ein Leckerchen oder den Ball verpassen). Nun wollen wir ihm beibringen, dass er sich von uns wegdreht. Das geht so: Der Hund sitzt am linken Bein des Hundeführers (also in der Grundstellung), der Hundeführer hält ein Leckerchen oder ein Spielzeug in der rechten Hand. Halten Sie es dem Hund vor die Nase und führen Sie seinen Kopf von sich weg. Wenn der Hund sich ganz gedreht hat, haben auch Sie sich um 180° gedreht und zwar in Richtung des Hundes. Der Hund erhält nun seine Belohnung. Jetzt sollte der Hund an Ihrem rechten Bein stehen. Wenn der Hund Mühe hat, sich zu drehen, sind Sie entweder mit der Belohnung zu schnell oder zu hoch. Es kann jedoch auch sein, dass der Hund sich auf einer Seite schlecht biegen lässt. Dies ist meistens eine Muskel- und Dehnfrage, denn auch bei den Hunden gibt es Links- und Rechtshänder.

Um dem Hund zu helfen, halten Sie ihm (wenn er am linken Bein steht) mit der rechten Hand das Leckerchen vor die Schnauze, Ihre linke Hand legen Sie an seine linke

Manche Hunde benötigen eine Hilfestellung, damit sie die Hinterhand richtig drehen.

Flanke. Wenn der Hund sich in der Drehung nun sperrt, helfen Sie ihm und unterstützen die Bewegung mit der linken Hand, indem Sie das Hinterteil des Hundes in die richtige Richtung bewegen. Mit der Zeit müssen Sie ihm natürlich nicht mehr das Leckerchen vor die Nase halten, sondern der Hund sollte schon auf die Körper- und Armbewegung in die richtige Richtung drehen. Sie können nun das Links- und Rechtskommando einführen. Sollten Sie nicht mit diesen Kommandos arbeiten wollen, beschränken Sie sich darauf, dass die Bewegung des Hundes auf Sie zu mit dem Kommando »Komm« oder dem Namen des Hundes erfolgt. Die Bewegung von Ihnen weg, können Sie mit dem Kommando »Weg« oder »Back« unterstützen. Ich benütze für diese Übung bewusst die »Gegenhand«, also die dem Hund entgegengesetzte Hand, weil sich mit der Handbewegung automatisch die Füße drehen und diese sind ja das Maß aller Dinge.

»Voran«

Das »Voran« übe ich mit dem Target oder Spielzeug und dem »Ready-Steady-Go-Spiel«. Dazu verschiebe ich das Target oder das Spielzeug immer weiter nach vorne. Zieht der Hund nach vorne, gebe ich ihm das Kommando »Vor« oder »Go«. Ist der junge Hund mit dieser Übung sicher, bringen Sie nach und nach die Sprungflügel ins Spiel. Erst so breit, dass Sie und Ihr Hund dazwischen durchgehen können. Danach werden die Sprungflügel enger und die Distanz zwischen Hund und Hundeführer wird vergrößert. So kennt

Die Hilfestellung mit der Belohnung wird abgebaut, damit der Hund sich ausschließlich auf die Körpersprache konzentrieren kann.

der Hund das Kommando »Vor« bereits, bevor er auf Sprünge geschickt wird. »Voran« bedeutet nicht, dass der Hund vor dem Hundeführer arbeitet, sondern ist nichts anderes als ein Richtungskommando, welches »Autobahn« oder »Hochgeschwindigkeitsstraße« bedeutet.

Auf die Arme springen

Es gibt Hunde, die ungern zum Hundeführer gehen. Dies hat absolut nichts mit der Beziehung zu tun, doch einige Hunde ertragen den Druck nicht, wenn der Hundeführer vor ihnen steht und sie frontal auf ihn zukommen sollen. In der Natur gehen schwächere Hunde nie gerade auf ein ranghöheres Tier zu, da dies unweigerlich Konflikte auslöst.
Um dem Abhilfe zu verschaffen, kann man schon im Voraus üben, dass der Hund einem auf die Arme springt. Dazu knie ich mich hin und locke mit einem Leckerchen den Hund so zu mir, dass die Vorderbeine auf den Oberschenkeln sind (eine Übung, die definitiv mit einem kleinen Hund einfacher zu handhaben ist). Jetzt kommt der Hund beim immer noch knienden Hundeführer auch mit den Hinterläufen auf die Oberschenkel. Wenn der Hund dies freudig macht, gehe ich in die Hocke und mache genau dasselbe. Ich gehe von der Hocke immer weiter hoch, bis ich stehen kann und der Hund mich mit dem Kommando »Hopp« freudig anspringt. Wenn der Hund dann irgendwann einmal Mühe mit einer Übung hat, weil er auf mich zugehen muss, werfe ich die Arme hoch und lasse den Hund in der gleichen Situation freudig auf meine Arme springen.

Hundeführertraining

Viele Hunde sind sehr gut ausgebildet, oft mangelt es aber bei den Hundeführern. Hier einige Tipps, wie sich der Hundeführer etwas schulen kann. Am besten läuft es sich, wenn man auf den Fußballen bleibt und nicht mit den Fersen aufkommt. Man ist viel schneller, reaktionsfähiger und kann das Gleichgewicht sehr viel besser halten (vor allem beim Rückwärtsgehen). Versuchen Sie auf den Spaziergängen zwei Schritte vorwärts zu rennen, dann drei Schritte rückwärts und dann wieder vorwärts! Dies schult Ihre Behändigkeit und Agility bedeutet genau das –

und heutzutage ist damit nicht nur der Hund gemeint.
Die meisten Übungen lassen sich mit einem Target ausführen. Nehmen Sie als Target einen Deckel oder ein Stück Teppich und werfen Sie es in eine Richtung. Schauen Sie, wo das Target liegt und versuchen Sie, sich diese Distanz zu merken. Nun laufen Sie vorwärts zu diesem Target, jedoch mit geschlossenen Augen. So üben Sie, sich im Raum zurechtzufinden und Distanzen zu fühlen. Genau dasselbe machen Sie seitwärts und rückwärts. Immer mit geschlossenen Augen. Jetzt variieren Sie diese drei und mischen sie. Sie sollen immer beim Target ankommen. Wenn Sie von vorwärts auf rückwärts wechseln, behalten Sie die Richtung bei. Das heißt: Sie machen dabei eine 180°-Drehung. Eine weitere Schwierigkeit: Sie werfen das Target und schauen, wo dieses liegt. Schließen Sie die Augen und drehen sich mit einer halben Drehung nach links, dann eine ganze Drehung nach rechts und noch eine halbe Drehung wieder nach links, bis Sie wieder in der Richtung stehen, in die Sie gehen müssen. Jetzt kontrollieren Sie, ob die Richtung stimmt. Wenn das gut klappt, fügen Sie eine Schwierigkeit hinzu: Drehen Sie sich, aber ohne zwischendurch die Augen zu öffnen. Oder üben Sie mit Weitsprungstangen. Legen Sie zwei Weitsprungstangen fünf bis sieben Meter voneinander weg sowie ein Teppichstück in einem beliebigen Winkel ebenfalls fünf bis sieben Meter.
Übung 1: Der Hundeführer läuft vorwärts von Stange eins zu Stange zwei, dort macht er einen »Belgier« und geht zum Teppich, dabei schaut er nur die Stange eins an. Der Hundeführer soll ein Gefühl für den Winkel bekommen, weil er später im Parcours nur den Hund anschaut und keine Zeit hat, sich umzuschauen, wo sich die Geräte befinden.

Übung 2: Der Hundeführer rennt von Stange eins zu Stange zwei. An der Stange angelangt, dreht er sich so, dass er rückwärts zum Teppichstück laufen muss. Auch hier muss er wieder blind den Winkel und die Distanz einschätzen. Es gibt noch viele solcher Übungen, Kreativität ist hier gefragt.

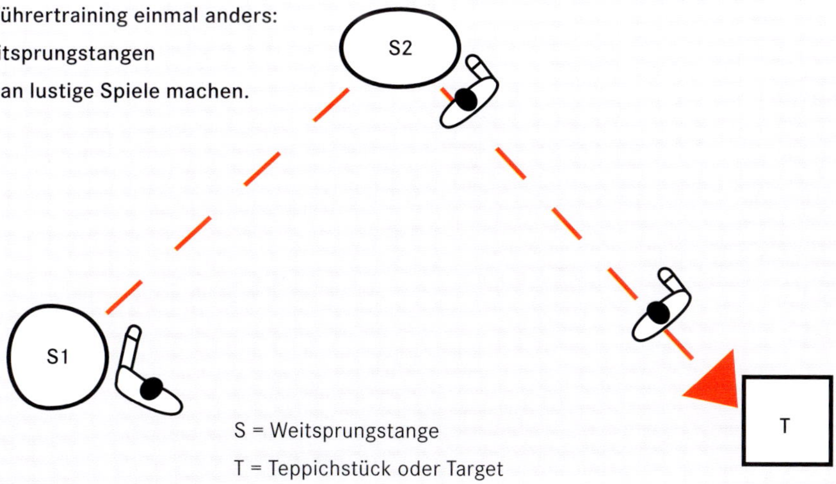

Hundeführertraining einmal anders: Mit Weitsprungstangen kann man lustige Spiele machen.

III. DIE AUSBILDUNG DES JUNGHUNDES MIT GERÄTEN

Ich mache gerne die Sprünge gleich mit den Stangen und lege diese zu Beginn auf den Boden. Damit der Hund aber nicht lernt, einfach darauf zu stehen, lege ich diese relativ früh auf der einen Seite wenigstens 10 Zentimeter hoch. Der Hund muss noch immer keinen Sprunganssatz machen, aber wenn er die Stange touchiert, merkt er es bewusster.

ALEXANDRA ROTH

»Voran«

Damit der Hund das »Voran« mit den Auslegern üben kann, stellen Sie zu Beginn die Ausleger in einer Distanz zueinander auf, dass sowohl Sie als auch Ihr Hund dazwischen durchrennen können. Nun lassen Sie den Hund mit dem »Ready-Steady-Go-Spiel« durch die Ausleger zum Spielzeug oder Tar-

Da es sich auf den Fotos um erwachsene und ausgebildete handelt, liegen die Stangen auf Wettkampfhöhe. Es versteht sich von selbst, dass für junge Hunde je nach Alter die Stangen fehlen, auf dem Boden liegen oder nur in geringer Höhe gestellt werden!

get rennen. Stellen Sie jetzt immer einen Sprung dazu, bis Sie mehrere Hürden ab solvieren können, ohne dass der Hund auf das Vorankommando den Blick zu Ihnen sucht, sondern nur geradeaus. Wenn Sie diese Übung mehrmals gemacht haben, stellen Sie die Ausleger näher zusammen, so dass Sie außen an den Auslegern rennen und der Hund in der Mitte durchgeht. Wenn der Hund Mühe damit hat, dass der Hundeführer sich in einer größeren Distanz befindet, gehen Sie ein paar Schritte zurück und beginnen die gleiche Übung nochmals mit nur zwei Sprüngen. Jetzt soll der Hund verschiedene Sprungkombinationen als Gerade erkennen (siehe Skizze). Die Sprünge stehen immer erst in einer Linie und werden danach verschoben, bis sie das Endziel darstellen.

»Out«

Stellen Sie zwei Sprungausleger oder einfach zwei Gegenstände in ca. 5 Metern Abstand gegenüber. Stellen Sie sich nun in die Mitte der beiden Gegenstände und führen Sie den Hund beispielsweise an Ihrem rechten Bein. Nun schicken Sie den Hund mit der rechten Hand außen an den Auslegern vorbei. Benutzen Sie dabei das Kommando »Out«, welches Sie ja bereits geübt haben.

Versuchen Sie mit der Bewegung sehr viel Dynamik hineinzubringen, also kleine Schritte zu machen und nicht einfach stehen zu bleiben (es sei denn, der Hund bringt so viel Eigenmotivation mit, dass dies nicht notwendig ist). Schicken Sie nun den Hund in einer Kreisbewegung um Sie herum und gleichzeitig um die Ausleger. Arbeiten Sie

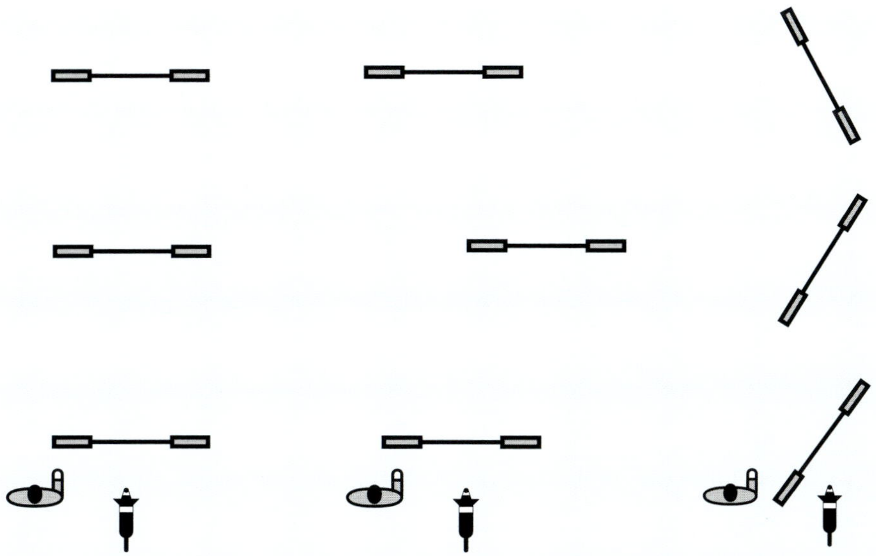

Langsam werden die Sprünge aus einer Geraden in die Endposition gebracht.

Bilderserie zu »Out«

Schicken Sie den Hund mit der rechten Hand außen an den Auslegern vorbei. Benutzen Sie dabei das Kommando »Out«.

mit dem Clicker, dann clicken Sie in dem Moment, in dem der Hund außen am Ausleger vorbeiläuft und bestätigen Sie ihn dann, wenn er wieder bei Ihnen ankommt. Wenn der Hund das sicher absolviert, schicken Sie ihn nach einigen Versuchen gleich weiter zum nächsten Sprungausleger und bestätigen Sie ihn wieder bei sich oder werfen das Spielzeug in die Laufrichtung. Danach führen Sie die gleiche Übung seitenverkehrt aus.

»Belgier«

Wie bereits beschrieben, schicken Sie erst den Hund vom linken Bein mit der linken Hand mit einem »Out«-Kommando von Ihnen weg, in der rechten Hand haben Sie das Spielzeug. Sobald der Hund den ersten Ausleger umgangen hat, drehen Sie sich jetzt nicht mit ihm, sondern gegen den Uhrzeigersinn. Wechseln Sie dabei das Spielzeug von der linken in die rechte Hand und rufen den Hund zu sich. Zeigen Sie dem Hund die rechte Hand, damit dieser versteht, an welchem Bein er aufschließen soll. Drehen Sie sich nur so schnell, dass Sie den Hund immer sehen. Wenn Sie sich zu schnell drehen, wird der Hund nur Ihren Rücken sehen und sich selbst entscheiden müssen, an welches Bein er aufschließt. Sobald der Hund Sie erreicht hat, spielen Sie mit ihm Tauziehen. Machen Sie die gleiche Übung nochmals, bis der Hund verstanden hat, was er tun soll. Lassen Sie nun den Hund nicht bei Ihnen spielen, sondern werfen Sie das Spielzeug in Richtung zweiter Ausleger, damit der Hund lernt, an Ihnen vorbeizulaufen. Wiederholen Sie auch diese Übung mehrmals. Danach lassen Sie den Hund mit der rechten Hand und dem Kommando »Out« auch um den anderen Ausleger rennen, damit eine Acht entsteht. Bei dieser Übung ist es wichtig, dass Sie abwechslungsweise die Übung mit dem Tauziehen beim Hundeführer und mit dem Werfen des Spielzeuges beenden. Somit wird der Hund sowohl motiviert auf Sie zukommen als auch motiviert von Ihnen weggehen. Bitte beachten Sie, dass Sie die Frontwechsel (Belgier und blinder Wechsel) immer in einer Bewegung auf das nächste Gerät zumachen (siehe Fotos auf der nächsten Seite).

»Japaner« (blinder Wechsel)

Als Vorübung für den »Japaner« machen Sie Folgendes: Der Hund ist im Sitz oder Platz und wartet. Sie bewegen sich vom Hund weg. Stellen Sie sich nun auf die gleiche Linie, auf der sich der Hund befindet. Erst halten Sie den linken Arm nach hinten (ganz wichtig, sonst ist es für den Hund nicht ersichtlich, an welche Seite er aufschließen soll) und drehen den Kopf nach links. Jetzt wechseln Sie blitzschnell die Seite, das heißt, der linke Arm bewegt sich nach vorne und der rechte Arm geht nach hinten, gleichzeitig dreht sich der Kopf nach rechts und Sie rufen den Hund ab. Lassen Sie den Hund nun entweder rechts an Ihnen vorbeilaufen oder spielen Sie Tauziehen, wenn er bei Ihnen ankommt. Jetzt steigern Sie die Übung, indem Sie ca. 3 Meter nach vorne gehen und den linken Arm nach hinten halten. Kurz bevor Sie die Seite wechseln, rufen Sie den Hund ab. Sie müssen nun wirklich blitzschnell Ihre Bewegung ausführen, damit der Hund die richtige Seite erwischt.

Mit den Auslegern ist dies die gleiche Übung wie beim Belgier, außer, dass sich der Hundeführer nun im Uhrzeigersinn bewegt. So-

Bilderserie zu »Belgier«

»Belgier« am richtigen Ort.

»Belgier« am falschen Ort und zu spät eingeleitet.

Bilderserie »Japaner« (blinder Wechsel)

bald der Hund den ersten Ausleger umläuft, dreht sich der Hundeführer vom Hund weg, dreht den Kopf auf die rechte Seite und hält den rechten Arm nach hinten. Gehen Sie in genau den gleichen Schritten vor wie beim Belgier. Diese Übung ist ja eigentlich nur für den Hundeführer eine Herausforderung, der Hund hat sie bereits beim Belgier begriffen.

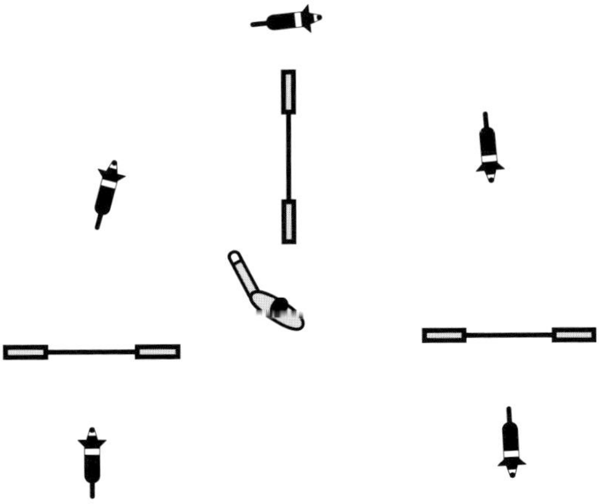

90-Grad-Kurven: Hundeführer ist zu nahe beim Hund und drückt diesen am Sprung vorbei.

90-Grad-Kurven

Der Hund läuft eigentlich wie bereits geübt im Kreis um den Hundeführer herum, nur jetzt mit Auslegern zwischen Hund und Mensch. So können Sie auch den Arbeitskreis Ihres Hundes erkennen. Wenn der Hund auf der Hundeführerseite am Ausleger vorbei rennt, dann ist der Hundeführer zu weit weg. Rennt der Hund auf der Außenseite am Ausleger vorbei, ist der Hundeführer zu nahe an den Sprüngen. In der Regel laufen trieblich sehr hohe Hunde weiter weg und nicht ganz so triebige näher beim Hundeführer. Trotzdem müssen beide Hundetypen lernen, nah und weit zu arbeiten, damit eine Balance zwischen selbständig und führig erhalten bleibt.

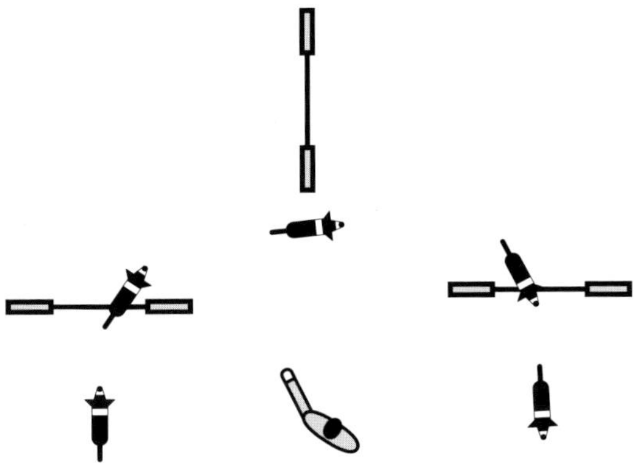

90-Grad-Kurven: Hundeführer ist zu weit weg vom Hund und zieht diesen am Sprung vorbei.

Vom Hundeführer wegdrehen

Dies haben wir ja bereits ohne Geräte geübt. Wir haben auch schon die Kommandos miteinfließen lassen: »Links« und »rechts«, der Name des Hundes, um ihn heranzurufen und das »Weg«, um ihn wegzuschicken. Am einfachsten fängt man jetzt mit einem gebogenen Tunnel an. Der Hund ist an unserem linken Bein und wir stehen vor dem linken Eingang. Nun schicken wir den Hund in den Tunnel. Während der Hund diesen abarbeitet

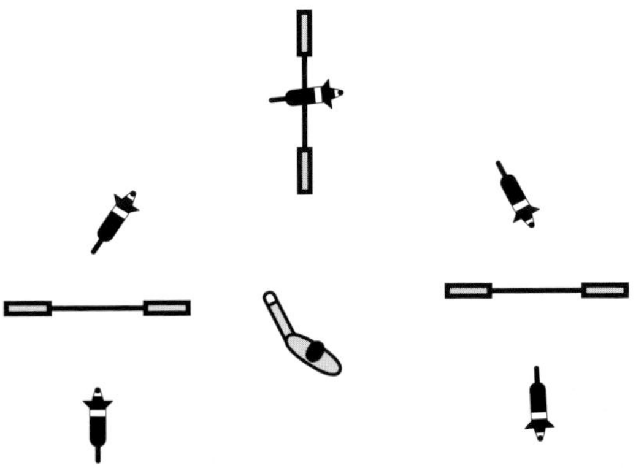

90-Grad-Kurven: Hundeführer steht genau richtig für die Arbeitsdistanz seines Hundes.

und wieder herauskommt, machen wir einen Schritt nach links, so dass wir auf der Außenseite stehen. Wir nehmen die linke Hand und schicken den Hund vom rechten Bein gleich wieder in den Tunnel. Immer wieder wird der Hund bei dieser Arbeit bestätigt. Bei jedem erfolgreichen Versuch gehen wir einen Schritt zum Ausgang hin, so dass wir zum Schluss den Hund über die Hand weg vom Ausgang wieder zum Eingang schicken. Somit lernt der Hund auf das Wegdrehen nicht nur den Hundeführer anzuschauen, sondern den Fokus von uns weg auf etwas zu richten. Machen Sie diese Übungen immer erst auf der einen Seite, bis es klappt und dann erst auf der anderen Seite. Jetzt schicken Sie den Hund über zwei Hürden. Der Hund muss die Basisübung ohne Gegenstand sehr gut verstanden haben, damit er diese ausführen kann, da das Leckerchen oder Spielzeug für einen Moment nicht mehr so offensichtlich gezeigt werden kann. Die zwei Sprünge stehen in einer Linie und die Startposition ist vor dem rechten Sprung, wobei der Hundeführer außen steht. Nun gehen beide los, bis der erste Sprung absolviert wurde und dann wechselt der Hundeführer den Arm, die andere Hand kommt zum Einsatz und schiebt den Hund vom Hundeführer weg in Richtung des nächsten Sprunges.

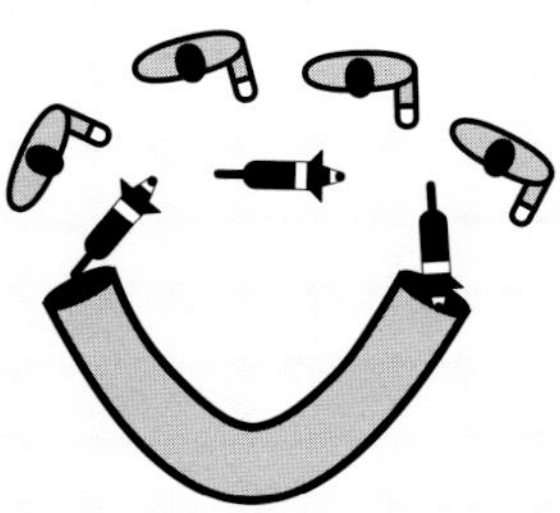

Der Hund wird über die Hand weg vom Hundeführer in den Tunnel geschickt.

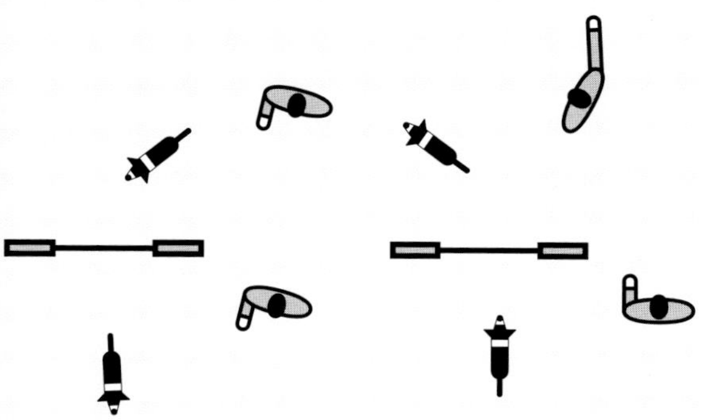

Der Hund wird über die Hand weg vom Hundeführer über den zweiten Sprung geschickt.

Handwechsel hinter dem Hund

Die einfachen Handwechsel hinter dem Hund sind diejenigen vor den Zonengeräten, Slalom und Tunnel, wenn der Hund gelernt hat, dass er nach vorne bestätigt wird und es hier auch keine Rolle spielt, in welchem Galopp er ist (hierzu mehr unter Sprungtechnik).

Dies ist wiederum eine ähnliche Übung wie die vorherige. Nur muss der Hund nun den Gegenstand sehr selbständig umgehen. Der Hund hat bereits gelernt, dass er auf diese Bewegung von uns wegdreht. Genau das braucht er auch, damit der Handwechsel hinter dem Hund erfolgreich absolviert werden kann. Stellen Sie den Hund so schräg vor den Sprung oder Gegenstand, dass der Winkel nicht 90°, sondern nur 45° beträgt. Erhöhen Sie den Winkel nach und nach. Der Hund ist an Ihrem linken Bein. Gehen Sie einen Schritt nach vorne, unterstützen Sie den Hund mit einem Linkskommando und dem rechten Arm und gehen Sie auf den Sprung zu. Nun kreuzen Sie aber hinter dem Hund. Die Übung ist genau die gleiche

Handwechsel hinter dem Hund

Handwechsel hinter dem Hund: So sieht das gewünschte Endergebnis aus. Der Wechsel wird früh eingeleitet und der Hund kann vor dem Absprung noch seinen Galopp wechseln.

Handwechsel hinter dem Hund

Handwechsel hinter dem Hund ohne Hilfsmittel.

wie die vorherige. Das Kreuzen hinter dem Hund bedingt, dass der Hund die eingangs erwähnten Übungen sehr motiviert macht. Ist er noch unsicher, hat diese Übung noch gar keinen Sinn (siehe Fotos Seite 56).

Nun gibt es Hunde, die diesen Wechsel einfach nicht begreifen wollen, d.h. sie drehen immer verkehrt in der Landung. Dies bedeutet nichts anderes, als dass der Hund auf dem falschen Fuß landet (siehe Sprungtechnik). Avalon war so ein Kandidat und ich musste alles in kleinen Schritten aufbauen. Man legt also die Stangen ganz tief, der Hund steht vor dem Sprung und der Hundeführer dahinter.

Die rechte Hand schick den Hund vom linken Bein weg und bestätigt ihn für das richtige Drehen. Der Einfachheit halber kann der Hundeführer durch den Sprung über die Stange gehen. Machen Sie wiederum die Übung erst immer links herum und in kleinen Schritten. Nun stehen Sie über dem Sprung und schicken den Hund wieder von sich weg nach links. Sollte dies dem Hund Schwierigkeiten bereiten, nehmen Sie Leckerchen oder Spielzeug in die rechte Hand und führen diese vor der Hundenase, um Hilfestellung zu leisten. Für einige Hunde ist dies eine harte Nuss und sie haben Mühe zu verstehen. Jetzt stellen Sie sich gerade vor den Sprung und haben einen kleinen Vorsprung, auch jetzt wird der Hund wieder von Ihnen weggedreht. Sollte der Hund mit diesem Schritt Mühe haben, stellen Sie ihn ganz schräg zum rechten Ausleger, damit er schon in der richtigen Richtung unterwegs ist. Nun gehen Sie bei erfolgreicher Absolvierung immer weiter vom Sprung weg und variieren die Winkel. Ich verspreche Ihnen, dass dies zwar lange dauert, aber wenn der Hund es mal begriffen hat, ist die Übung in die andere Richtung dann ein Klacks (siehe Bildserien auf den nachfolgenden Seiten).

Wie Sie sehen, nehme ich immer die Gegenhand, diese ist mein Blinker und ich gebe damit dem Hund die Zeit, sich auf den Handwechsel einzustellen und den Galopp vor dem Sprung zu wechseln. Passen Sie nur auf, dass Sie dem Hund nicht zu früh in den Weg treten und ihn bedrängen, weil Sie zu früh kreuzen möchten.

Change

Das Change hat zum Ziel, dass der Hund eng wendet und auch, dass er das folgende Gerät – dem wir den Rücken zuwenden – nicht geich als nächstes wahrnimmt. Hunde nehmen nicht einfach aus Spaß den falschen Weg, sondern weil sie sich entschieden haben, dass dies wohl einfach das nächste Gerät sein muss.

Es gibt zwei Arten von Change. Bei der einen Variante ist der Hund auf derselben Seite des Sprunges wie der Hundeführer und bei der anderen Variante springt der Hund auf den Hundeführer zu. Der Hund befindet sich an unserem linken Bein. Nun nehmen wir einmal die rechte Hand. Dadurch zeigen wir dem Hund unsere Front, was ihn bremst und nicht beschleunigt. Wir schicken den Hund nun mit der rechten Hand über den Sprung, wobei wir den Rücken dem Sprung zuwenden und uns gegen den Uhrzeigersinn bewegen. Sobald der Hund gesprungen und nahe am Ausleger wieder bei uns ist, wird er bestätigt. Bei der anderen Variante steht der Hund auf der gegenüberliegenden Seite des Sprunges. Mit der linken Hand wird er nun zu uns gerufen. Während der Hund springt, gehen wir ganz nah am Ausleger vorbei in die Richtung, aus

Handwechsel hinter dem Hund

Schritt 1: Stellen Sie sich auf die andere Seite des Sprunges und helfen Sie dem Hund (wenn nötig mit Spielzeug oder Leckerchen in der Hand).

Schritt 2: Stellen Sie sich mittig über die Stange und helfen Sie dem Hund (wenn nötig mit Spielzeug oder Leckerchen in der Hand).

Schritt 3: Stellen Sie sich auf dieselbe Seite des Sprunges und helfen Sie dem Hund (wenn nötig mit Spielzeug oder Leckerchen in der Hand).

Schritt 4: Variieren Sie nun Winkel und Distanzen.

Change

Das Change mit Stellen des Winkels (Hundeführer und Hund auf der gleichen Seite).

Das Change: Hund springt auf den Hundeführer zu.

der der Hund gestartet ist. Weil wir uns so eng am Ausleger bewegen, kann der Hund gar nicht anders, als an unserem rechten Bein wieder zu erscheinen. Nun wird erneut gelobt. Wenn Sie den Hund beispielsweise hinter den Sprung schicken und mit einem Change erneut mitnehmen, dann seien Sie sich bitte bewusst, dass die Füße in die falsche Richtung zeigen und dass der Hund über das Change-Kommando und mit der Hand zu uns gerufen wird.

»Geh Rum« oder »Turn«

Unser Hund hat gelernt, vor unseren Beinen um uns herum zu gehen. Jetzt nehmen wir einfach einen Ausleger dazu. Die Schwierigkeit hierbei ist, dass der Hund ja gelernt hat, nicht vor uns zu kreuzen und uns zu bedrängen – und genau das soll er nun lernen. Auch möchte ich ihn nicht immer »stellen«, sondern der Hund soll lernen, mit dieser Situation umzugehen. Zu Beginn müssen Sie sicherlich dem Hund helfen, wenn er diese Übung aus der Bewegung heraus machen muss. Und so helfen Sie: Drehen Sie sich einfach zu Beginn etwas mit und bauen Sie diese Hilfestellungen langsam ab.

»Geh Rum« oder »Turn«: Der Hund »bedrängt« den Hundeführer und kommt dann eng über den Sprung.

Stellen (optimale Linie finden)

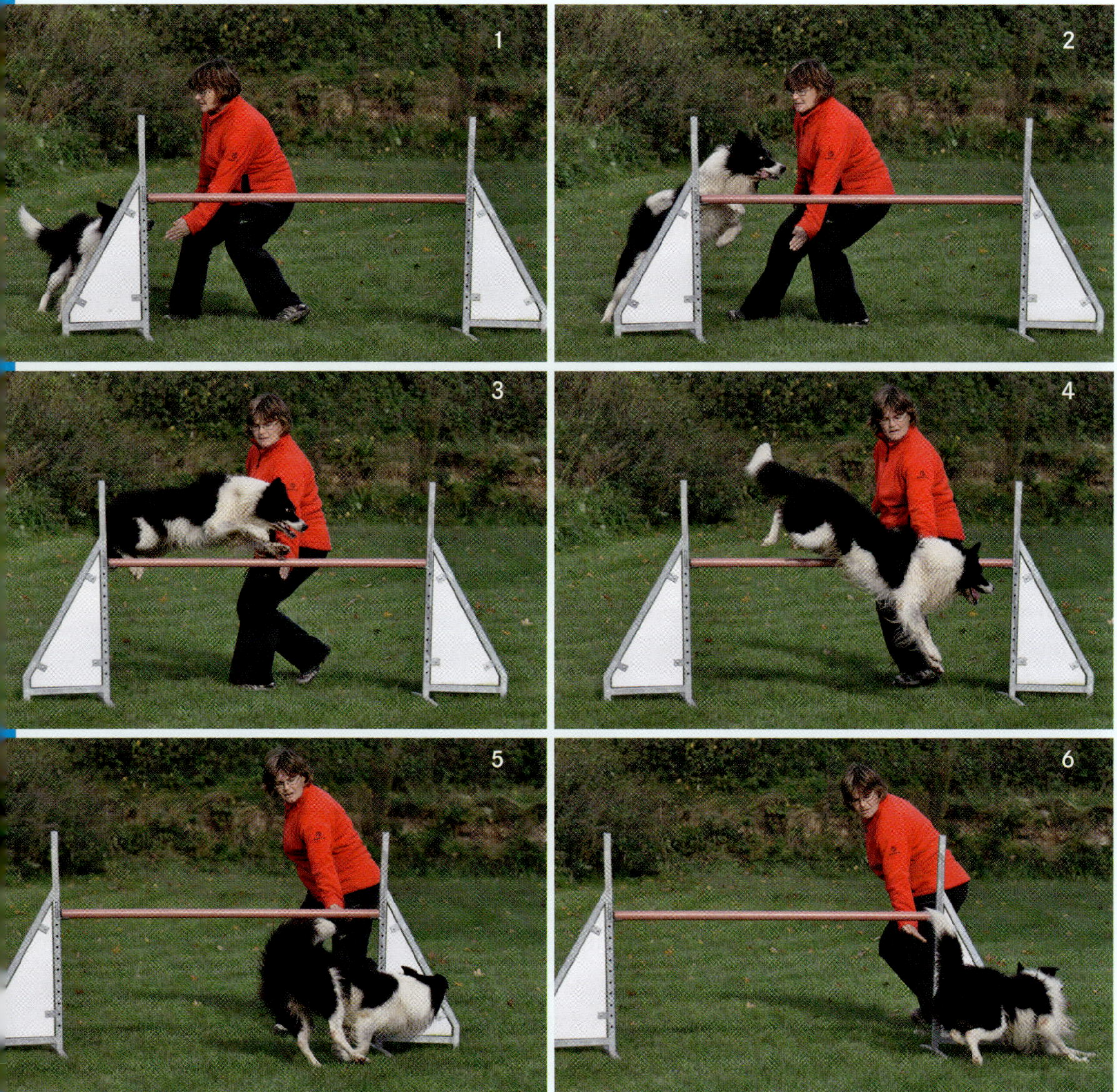

Das Stellen und Engspringen (inkl. Kurzspringkommando): Der Hund wird nach einer engen Wendung beim Hundeführer bestätigt.

Kurz springen und eng wenden

Eng wenden soll der Hund beim Tunnel und bei den Sprüngen (Hürden). Er soll lernen, dass er, wenn er bereits im Tunnel angesprochen wird, eng aus dem Tunnel kommen und in meine Richtung drehen soll. Ich übe dies wie folgt: Ich stelle mich direkt an den Tunnelausgang, rufe ihn, sobald er im Tunnel ist und bestätige ihn mit dem Spielzeug direkt bei mir, wenn er nicht »kilometerweit« rausschießt. Diese Übung jeweils auf beiden Seiten des Tunnels üben, also einmal links und einmal rechts am Ausgang stehen. Mit der Zeit lernt er, auf Kommando ganz eng aus dem Tunnel zu drehen.

Auch bei den Sprüngen sollte der Hund immer wieder abwechselnd schnell geradeaus rennen dürfen, jedoch eng wenden, wenn ich dies wünsche. Dafür stellen wir uns beide vor den Sprung und das Spielzeug ist in der Führhand. Mit der Gegenhand (also der vom Hund weiter entfernten Hand) wird der Hund mit einer einladenden Geste über den Sprung geführt. Somit lernt der Hund wie es aussieht, wenn der Belgier früh und rechtzeitig eingeleitet wird. Durch die Körperfront, die ich dem Hund zeige, bremst er. Der Hund soll jetzt springen und ganz eng am Ausleger wieder zu mir kommen.

Das Spielzeug habe ich in dieser Zeit in der Hand, die den Sprung anzeigt. Sobald der Hund mich erreicht, darf er mit dem Spielzeug spielen (welches aber in der Hand des Hundeführers bleibt, da es eine bindende Übung ist). Sollte der Hund sich etwas zu viel Zeit lassen, bis er kommt, rennen wir zur vom Hund entfernten Seite los und geben ihm somit das Gefühl, dass er sich beeilen soll. Sobald er bei uns angekommen ist, darf er mit dem Spielzeug spielen.

Stellen (optimale Linie finden)

Bei uns im Training reden wir immer von der »Kampflinie«. Das ist die schnellste für den Hund zu absolvierende Linie, ähnlich wie beim Skifahren oder anderen Rennsportarten. Derjenige gewinnt, der die schnellste und direkteste Linie läuft.

Meiner Meinung nach sollte der junge Hund früh lernen, dass er nicht immer in einer direkten Linie auf ein Gerät zulaufen darf. Es kann sein, dass der Hund ganz bewusst auf ein »falsches« Gerät zulaufen soll, ohne dies zu nehmen: Dies nennt man »Stellen«.

Stellen Sie sich bitte immer vor, Sie müssten die Kurven mit einem Fahrrad oder Motorrad absolvieren. Sie würden auch nicht das Risiko eingehen, dass sich das Rad verkantet oder Sie aus der Kurve getragen werden.

Folgendermaßen üben Sie das Stellen: Ich halte den Hund immer an der Führhand mit dem Handtargetkommando. So wird es ihm einfacher gemacht, da er mit diesem Kommando bereits verknüpft hat, dass er die Hand anschauen soll. Die Führhand deshalb, weil ich mit meinen über vierzig Jahren damit besser wegkomme. Bei einigen Hunden ist jedoch die Gegenhand nötig, da sie sonst nicht in der optimalen Linie über die Stange springen. Wenn der Hund eng wendet, wird er beim Hundeführer bestätigt.

Hinten

Im Gegensatz zum »Out« soll der Hund hier den Sprung (Hürde) von hinten absolvieren. Wenn noch andere Geräte beim Sprung stehen, soll der Hund nicht auf diese zulaufen, sondern auf das Kommando »hinten« nur den Sprung anvisieren. Dafür nehme ich die Hand beim Hund, weil diese es mir ermöglicht, schneller wieder wegzukommen, da

Hinten

Das Kommando »Hinten«: Der Hund wird mit der Führhand hinter den Sprung geschickt.

mein Körper sich einfacher bewegt und weil ich diese Hand (da näher beim Hund) länger als Hilfestellung lassen kann.
Wenn der Hund verstanden hat, was das Kommando bedeutet, brauche ich mit der Zeit den Ausleger nicht bis zum Ende anzulaufen. Bitte beachten Sie beim Aufbau, dass der Hund (wie bereits besprochen) vor allem auf die Füße des Hundesführers achtet. Deshalb sollten Ihre Füße in die äußerste Ecke des Auslegers zeigen. Bei einem noch nicht so routinierten Hund gehen Sie bis in die Ecke des Auslegers. Sobald der Hund den Ausleger umläuft, clicke ich, damit der Hund sicher ist, dass er das Richtige tut. Bestätigt wird er, wenn er wieder bei mir ist.
Sprünge von hinten zu absolvieren, ist für den Hund absolut nicht logisch. Ein übungsintensiver und zuverlässiger Aufbau ist hier für mich unerlässlich.

Zwischen zwei Hürden durchziehen

Eine Übung, die ebenfalls einen geduldigen Aufbau erfordert und heute nicht mehr wegzudenken ist. Beginnen Sie wie folgt: Nehmen Sie zwei Sprünge (Hürden) auf einer Linie (siehe nebenstehende Skizze).
Nehmen wir an, der Hund steht an ihrem linken Bein. Wenn er nun die Sprünge in »logischer« Folge absolvieren soll, würden wir uns einfach nach rechts drehen und die Führhand benutzen. Nun möchten wir, dass der Hund weiß, dass er zu uns kommen muss. Sicherlich ist auch hier das Handtarget eine zusätzliche Hilfe und man kann etwas Körpereinsatz kompensieren. Bei den einen Hunden reicht es, wenn man die Front zeigt und bei anderen muss der Körpereinsatz etwas größer sein. Wenn wir jetzt davon ausgehen, dass unser Körper immer in die Laufrichtung zeigen soll, dann müssten wir uns ganz drehen. Bleiben Sie nahe bei den Sprüngen und machen Sie eine Bewegung – dem Belgier gleich – und wieder zurück. Somit kann später im Wettkampf auch ein junger Hund keine Dis laufen, sondern macht höchstens einen größeren Bogen, falls ich mich als Hundeführer zu langsam positioniere. Wenn Sie sich bewegen, gehen Sie nicht zu schnell los, sondern beobachten Sie Ihren Hund. Erst wenn die Aufmerksamkeit bei Ihnen und nicht mehr beim zweiten Sprung ist, gehen Sie los. Drehen Sie sich nun nach links zum Hund, zeigen ihm hiermit die Front und ziehen ihn zu sich. Wenn dieser kommt, drehen Sie sich wieder nach rechts und schicken ihn über den zweiten Sprung.
Vergessen Sie nie, Ihren Hund zu loben, wenn er eine Übung verstanden hat.

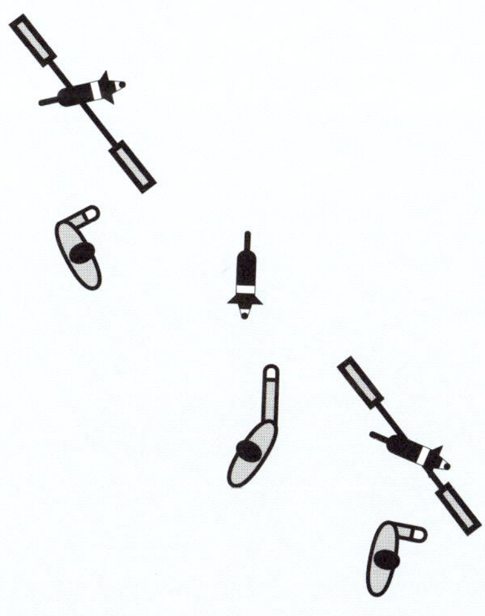

Zwischen zwei Sprüngen durchziehen

IV. SPRUNGTECHNIK

Haben Sie sich schon mal überlegt, was ein Agility-Hund bei der Bewältigung von Sprüngen (Hürden) alles können muss?

ALEXANDRA ROTH

Es sind enorm viele Fähigkeiten, die sich ein Hund (ähnlich wie beim Pferdespringsport) durch Übung aneignen muss. Was mich zu Beginn sehr erstaunte war, dass Hunde mit nur einer Stange zwischen den Auslegern springen. Für mich war dies bis zu diesem Zeitpunkt ein Ding der Unmöglichkeit. Für ein Tier ist es außerordentlich schwierig, die Höhe eines Sprunges und die Distanz dazu abzuschätzen, wenn nur eine Sprungstange liegt. Bei jungen Pferden legt man sogar zu mehreren Stangen noch einen Fuß dazu, das heißt, eine Stange liegt auf der Erde. Dies erleichtert den Tieren die Arbeit. Als ehemalige Springreiterin mache ich mir sehr viele Gedanken über diese Problematik. Beim Springreiten übernimmt der Reiter sehr viel Verantwortung für den Absprungspunkt sowie für die Länge der Galoppsprünge. Ein guter Springreiter weiß, wie groß ein Ga-

loppsprung seines Pferdes ist. Wenn jetzt in einem Parcours eine Distanz (beispielsweise in einer Kombination) für das Pferd schwierig wird (dreieinhalb Galoppsprünge), dann entscheidet der Reiter, ob er das Pferd antreibt, so dass daraus drei Galoppsprünge entstehen, oder ob er es aufnimmt, damit es vier Galoppsprünge zwischen den Hindernissen machen kann. Diese Entscheidungen hat ein Agility-Hund alle selbst zu treffen. Zudem muss er noch aufpassen, wo es langgeht. Das heißt, er muss alles unter Kontrolle haben und wir tun uns schwer, uns »nur« zu bewegen.

Ich spreche mich hiermit ganz klar gegen das Barren eines Hundes aus. Unter Barren versteht man jegliche schmerzhafte Korrektur für gefallene Stangen. Es scheint traurigerweise auch gang und gäbe zu sein, dem Hund die Stange an die Füße zu schlagen. Der Hund lernt damit nur, was er nicht darf, aber eine Hilfeleistung ist dies ganz und gar nicht. Außerdem ist die Bestrafung mit dem Rohrstock in Schulen auch schon vor Jahrzehnten als obsolet eingestuft und verboten worden.

Unter Stress kann kein Individuum lernen. Nehme ich mir aber Zeit, dem Hund beizubringen, was er mit seinem ganzen Körper tun soll, und optimiere ich seine Sprungtechnik, dauert dies zwar länger, dafür hält es fürs Leben. Barren müsste man den Hund immer wieder. Auch sollte die Sprungtechnik genauestens betrachtet werden. Kann es sein, dass der Hund die Stange gar nicht oben lassen kann? Vielleicht liegen hierfür gesundheitliche Gründe vor. Wenn der Hund vor jedem Sprung, egal ob geradeaus oder in der Kurve, taxiert, also die Galoppsprünge verkürzt, einen Absprungspunkt ohne Schmerzen sucht oder vermeidet, sich über dem Sprung zu strecken, ist das ein deutliches Alarmzeichen. Meiner Erfahrung nach ist bei jedem Tier über die Jahre hinweg ein gesundheitliches Problem festgestellt worden. Oft nicht beim Röntgen, sondern erst mit verschlimmerten Symptomen im MRT oder MRI (wie es in der Schweiz heißt). Es könnte sich jedoch auch um ein visuelles Problem handeln. Wichtig ist es bei einer üblen Sprungtechnik, erst körperlich bedingte Gründe auszuschließen, bevor ich mit gezieltem Sprungtraining anfange.

... ups!

»Voran«

Welche Fähigkeiten muss der Hund auf dem Parcours entwickeln, um einen Sprung richtig überwinden zu können?

Der Hund muss

- einschätzen können, wie weit der Sprung weg ist.
- wissen, wie man den perfekten Absprungspunkt findet.
- wissen, wie viele Galoppsprünge es braucht bis zum perfekten Absprungspunkt.
- wissen, wie man die Galoppsprünge anpasst (verkürzt oder erweitert), um zu diesem Absprungspunkt zu gelangen.
- einschätzen können, wie hoch der Sprung ist und wie viel Muskelkraft es braucht, um ihn richtig zu absolvieren.
- wissen, wie man eine Wendung vor dem Sprung oder in/nach der Landung eines Sprunges macht.
- wissen, welche die sicherste und effizienteste Flugbahn über den Sprung ist.
- wissen, welcher Sprungstil einzusetzen ist (Beine angezogen oder nach hinten genommen oder Kombination von beidem).
- wissen, wie man über »In-Outs« kommt (das heißt, der Hund landet und springt ohne Zwischengalopp wieder ab). Dies erfordert Kraft und eine enorme Körperbeherrschung, welche der Hund sich aneignen muss.

Beispiel: Ein schöner Linksgalopp.

- wissen, wie man Sprünge in verschiedenen Winkeln macht.
- wissen, wann man die rechte oder linke Pfote für den Galopp gebraucht und wann welcher Galopp gefragt ist.
- wissen, wie man den Galopp wechselt (über dem Sprung und auf dem Boden).
- wissen, wie man auf unebenem Gelände (etwas abwärts oder aufwärts) springt.
- wissen, wie man auf jeglicher Oberfläche springt, auch wenn man vielleicht beim Absprung etwas rutscht.
- wissen, wie man springt, wenn es heiß, nass oder matschig ist.

Folgendes gilt es zu wissen: In einer Linkskurve galoppiert der Hund im Linksgalopp und in einer Rechtskurve galoppiert er im Rechtsgalopp. Wenn der Hund nun davon ausgeht, dass es nach dem Sprung in eine Rechtskurve geht, wird er im Rechtsgalopp landen (siehe Fotos Seite 68 unten).

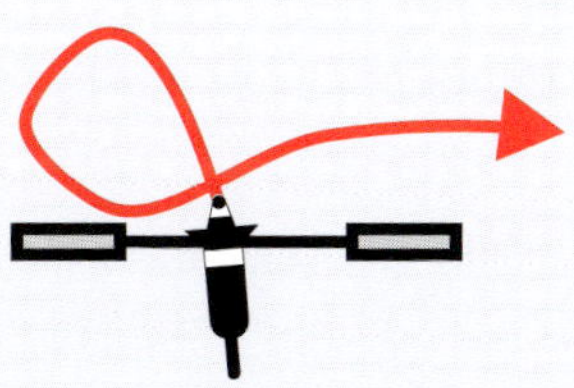

Dreher im Galopp

Der Hund hat sich bereits entschieden, nach links zu springen und auch im Linksgalopp zu landen, wenn die Information zur Richtungsänderung kommt.

Der Reiter zeigt dies dem Pferd durch Schenkelhilfe und Gewichtsverlagerung bereits beim Absprung an, das sollte auch der Hundeführer im Agility tun. Wenn der Hund auf dem Sprung den Galopp wechselt, erzeugt dies sehr viel Unruhe, vor allem in der Hinterhand, und kann eine Stange kosten. Beim Kreuzen hinter dem Hund kommt es oft vor, dass der Hund in der Landung eine Drehung macht. Die Ursache dafür ist, dass der Hund die Information zu spät erhält. Er befindet sich in der Landephase und hat sich bereits entschieden, beispielsweise im Linksgalopp zu landen. Der Hundeführer hat aber hinter dem Hund gekreuzt und eigentlich wäre ein Rechtsgalopp nötig. Ein routinierter Hund wechselt nun in der Landung noch den Galopp (unter einem sehr hohen Energieaufwand). Ein nicht so routinierter Hund wird erst einen Dreher machen und in der Drehung den Galopp wechseln. Ein Dreher ist nichts anderes, als den Hund »auf dem falschen Fuß« zu erwischen!

Stellen Sie sich bitte vor, dass Sie das Navigationssystem sind und der Hund der Fahrer. Dieser hat keine Ahnung, wo der Weg hinführt und wie man diesen optimal absolviert.

Das Navi sagt uns auch den Weg weit voraus. Stellen Sie sich vor, es würde Ihnen bei 100 km/h ins Ohr schreien: »Sofort links.« Super, Sie würden sich bedanken.

Folgende Szenarien wären die Folge:

1. Sie verpassen die Straße, weil Sie die Kurve nicht mehr erwischt haben.
2. Es überschlägt Sie in der Kurve, weil Sie unbedingt »gehorchen« möchten.
3. Sie fahren in Zukunft nur noch 30 km/h, weil Sie nie wissen, wann das »Navi« Ihnen wieder eine kurzfristige Angabe macht.
4. Sie schmeißen das Navi aus dem Auto und ersetzen es. Leider hat der Hund diese Möglichkeit nicht!

Nicht umsonst plappert Ihnen ein GPS ständig irgendwelche Infos ins Ohr. Sie wissen genau, dass es beispielsweise noch sieben Kilometer geht, bevor Sie abbiegen müssen. Dies bestärkt Sie darin, ggf. Höchstgeschwindigkeit zu fahren. Sie wissen genau, wann Sie abbiegen müssen, Sie haben Zeit genug zu blinken, einen Gang runterzuschalten, abzubremsen und in aller Ruhe abzubiegen. Warum geben Sie diese Chance den Hunden nicht? Unsere Philosophie beruht genau auf dieser Erkenntnis. Das »Voran« ist als Richtungskommando das 150-km/h-Schild. Dies sagt: »Lauf los, leg Tempo zu, ich sag dir dann schon, wann die Richtungsänderung kommt. Das »Rechts oder Links« ist eine 80 km/h-Schild. Dies ist eine normale Kurve. Das »Hey« ist die 30-Kilometer-Zone und bedeutet soviel wie »scharfe Kurve voraus«. Sie würden sich bedanken, wenn das »Achtung-Kurve-Schild« erst mitten in der Kurve stehen würde. Die einen fahren einen Sportwagen (diese 12-kg-Border) und die anderen (wie ich mit meinem 25 kg schweren Border) fahren einen LKW. Diese sind sicherlich auch schnell, aber nach physikalischem Gesetz einfach nicht so schnell beim Wenden und Beschleunigen.

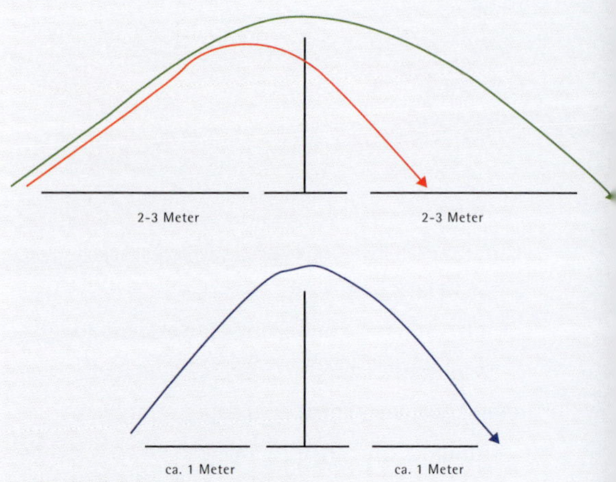

Flugkurve

> Wenn der Hund erstmal abgesprungen ist und sich in der Luft befindet, kann er nichts mehr ändern.

Wenn Sie den Hund in der Luft ansprechen, sich drehen, etc., wird der Hund zwar versuchen, näher beim Sprung zu landen - was ihm den weiteren Parcours vereinfachen würde, weil er dann eine engere Wendung laufen kann - er wird aber die Stange schmeißen, da er die Landephase früher einleitet (siehe rote Kurve). Bleibt er auf der bereits gesprungenen Linie, wird er weit hinter dem Sprung landen (siehe grüne Kurve) und somit die Stange in den Halterungen lassen. Nur wenn der Hund bereits sehr nahe beim Sprung abspringt (siehe blaue Kurve), ist es ihm möglich, eine enge Kurve zu laufen. Der Hund wird ein physikalisches Gesetz befolgen. Wenn er den Sprung richtig springt, wird über dem Sprung der höchste Punkt in der Sprungphase sein. Somit wird die Distanz vom Absprungspunkt bis zum Sprung die gleiche sein, wie die vom Sprung bis zum Landepunkt (beispielsweise zwei bis drei Meter). Dies ergibt also die Erkenntnis, dass der Hund immer bereits vor dem Absprung wissen muss, in welche Richtung es weitergeht. Denn auf dem Sprung hat er sich vielleicht auch schon für den weiteren Verlauf entschieden. Weiß er aber im Vorfeld schon, was wir von ihm wollen, kann er sich viel einfacher darauf einstellen und wir machen es ihm leichter, die Sprünge sauber zu springen und die optimale Linie einzuhalten.

Wie Sie aus dem »Voran« ersehen können gibt es Hunde, die wissen, dass es sich, wenn der Befehl »Voran« kommt, um eine Gerade handelt. Sie springen diese dann extrem weit. Einen solchen Hund nach der Landung anzusprechen, würde nun gar nichts mehr bringen, weil er sich bereits auf den nächsten Sprung vorbereitet und sich schon wieder in der Abflugphase befindet. Wenn ein solcher Hund nun nicht abbiegt, hat das nichts mit Gehorchen zu tun, sondern damit, dass er schlichtweg keine Chance hatte, eine Kurve einzuleiten. Geben Sie dem Hund aber früh genug eine Information, dass Sie abbiegen wollen, kann er ihr auch folgen. Agility-Hunde nehmen ja nicht extra zum Leidwesen der Hundeführer falsche Geräte. Es ist also sinnvoll, dem Hund die Information für das nächstfolgende Gerät bereits vor dem vorhergehenden zu übermitteln.

Aus der untenstehenden Grafik Absprungspunkte ersehen Sie, wo »Absprungspunkte« für »Large-Hunde« liegen. Bei den »Small- und Medium-Hunden« ist es dementsprechend anders. Der Hund erhält beim Start ein »Voran«, und zwar nicht für den ersten Sprung, sondern für den zweiten Sprung. Zwischen dem ersten und zweiten Sprung erhält der Hund nochmals ein »Voran«, welches dem Hund die Information gibt, dass er be-

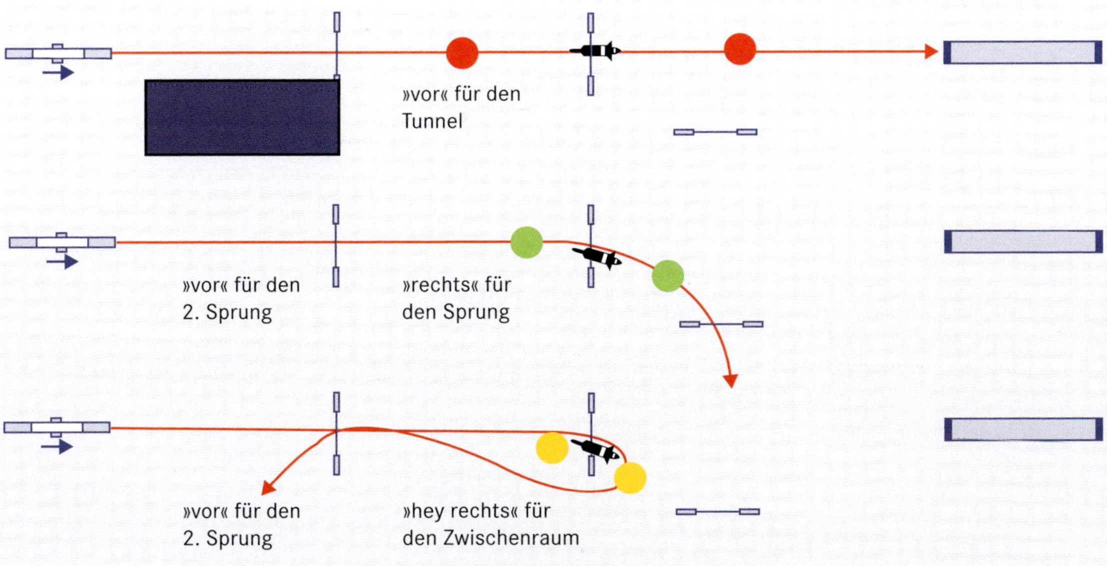

Absprungspunkte: Das Kommando muss so früh kommen, dass der Hund noch Zeit hat, sich den richtigen Absprungspunkt zu suchen, ansonsten ist eine enge Wendung unmöglich.

ruhigt fast im Tunnel landen kann, denn das nachfolgende Gerät ist der Tunnel. Viele Hundeführer beklagen sich über die Parcours, dass der Hund bereits in der Verleitung landen würde, etc. Wenn der Hundeführer nun aber den Hund etwas anders führt, landet der Hund ganz woanders. Die grünen Punkte symbolisieren den Absprungspunkt bei einem Kommando »Rechts«. Der Hund erhält zwischen Sprung 1 und Sprung 2 das Kommando »Rechts« und kann somit runterbremsen. Er wird näher zum Sprung laufen und somit näher beim Sprung landen. Ein Hund, der das Kommando »Rechts« kennt und weiß, dass er sofort abbiegen muss, wird lernen, dass er erst das Gerät absolvieren und dann eindrehen soll (auch mein Hund hat das später gelernt). Dadurch, dass der Hundeführer nicht stehen bleibt, wird der Hund den Sprung nehmen.

Die gelben Punkte symbolisieren das Kommando »Hey, rechts«. Es gibt einige sehr gute Übungen, in denen der Hund das Kommando verknüpfen lernt. Sie befinden sich immer erst links der Hürden und machen »Belgier«, beim zweiten Mal dann rechts der Hürden.

Hey-Übung, bei mir als Fitnesstest bekannt

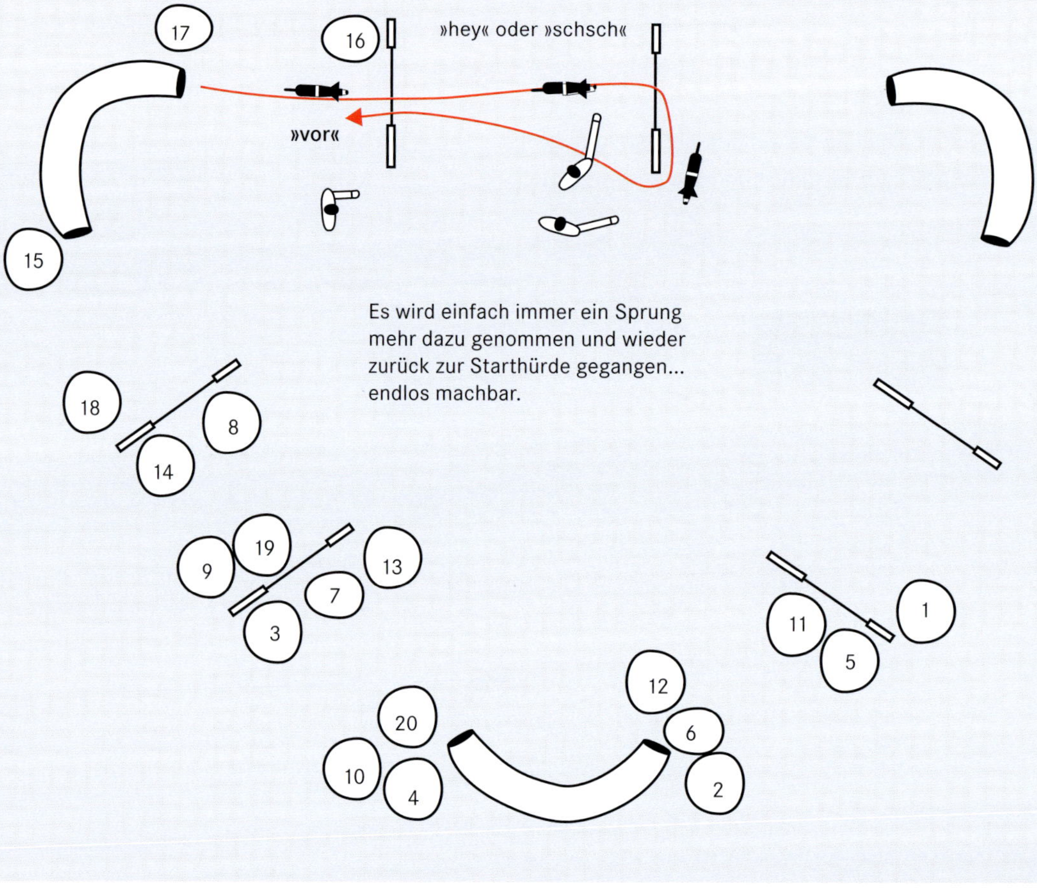

Kurzspringkommando

Dieses Kommando variiert etwas. Bei den einen Hunden ist ein freundliches und kurzes »Hey« sinnvoll, bei den anderen sollte dies eher drohend ausgesprochen werden. Manchmal ist ein »ssss« oder »schschsch« sinnvoller. Bei meinem Rüden ist ein etwas drohendes »Hey« besser, wenn ich mit viel Tempo schon weiter vorne bin. Wenn ich aber beim Hund bin und dieses »Hey« benutze, dann baue ich Spannung auf (dadurch dass man eventuell etwas die Luft anhält, etc.). Bei ihm baut dies zusätzliche Spannung auf und er fliegt noch weiter. Gebe ich ein »ssss« und atme gleichzeitig aus, baue ich bei ihm Spannung ab und er wird ganz eng. Nicht jeder Hund ist gleich. Probieren Sie aus, was bei Ihrem Vierbeiner am sinnvollsten ist.

Die »Hey«-Übung, um das Timing etwas zu schulen

Dadurch, dass der Hund immer wieder geradeaus laufen darf, finden die meisten Hunde diese Übung sehr spaßig. Für den Hundeführer ist es eher ein Fitnesstest. Der Hund hat gelernt, dass das »Hey« scharfe Kurve bedeutet, er wird das Tempo verlangsamen. Schließlich ist es auch für uns sinnvoller, statt mit 120 km/h mit 60 km/h eine Passstraße hochzufahren. Wie bereits erwähnt, versuchen Sie im Training schnelles und langsames Tempo abwechselnd zu verlangen. Wenn Sie das Kommando geben und gleichzeitig stehen bleiben, ist es normal, dass der Hund zu Beginn vor dem Sprung abdreht. Das Kommando wird gegeben (ACHTUNG KURVE), gleichzeitig wird der Sprung bis zum Ende angelaufen und somit dem Hund vermittelt, dass er zwar bremsen soll (Gegenhand verwenden), aber trotzdem den Sprung absolvieren darf. Kommt das Kommando zu spät, springt der Hund weit. Wird aber das Kommando zu früh ausgesprochen, verlangsamt der Hund zwar, beschleunigt aber schon wieder auf den Sprung zu und wird wieder weit springen. Es ist wichtig, dass der Hundeführer sein Timing schult.

Wenn man den Slalomskifahrern zuschaut oder selber schon auf einem Motorrad saß, dann weiß man, dass eine Kurve niemals direkt angefahren wird, weil es einen zu sehr aus der Kurve tragen würde. Viele »Agilityaner« machen aber genau das mit ihren Hunden. Die Hunde verlieren so zudem den Boden unter den Füßen, weil sie über einen Sprung springen müssen. »Schumi« würde für eine Kurve immer zuerst ausholen und dann in sie reinschneiden. Dies ist die viel schnellere Variante und vor allem gelenktechnisch die gesündere. Alles, was die Hunde zwischen den Geräten machen, ist nicht schlimm. Wenn die Hunde aber die Landung mit ihren Pfoten abfangen und dann auch noch zusätzlich eine Drehung einbauen müssen, ist das eine enorme Belastung für das Skelett, vor allem aber eine zusätzliche Belastung, die gar nicht nötig wäre.

Angehen eines Sprungs

Schauen Sie sich einmal Bilder von Hunden an, die sich gerade über einem Sprung befinden. Daraus ist ersichtlich, wie schwer es für einen Hund ist, zu springen. Für einen Hund ist es viel einfacher, sich auf das Gerät einzustellen, wenn er bereits im Vorfeld weiß, wohin er springen soll (geradeaus, kurz, weit

Der Hund springt über die Mitte der Stange und sein Blick ist nach vorne gerichtet. Seine ganze Aufmerksamkeit gehört dem nachfolgenden Spielzeug. Es ist für ihn auch nicht nötig, den Blick zum Hundeführer zu richten, denn er kennt ja das Kommando »Voran«. Die Landung ist einfach, da wie zu erwarten nur geradeaus weitergegangen werden muss.

Hier wird der Hund zwar angesprochen, aber erst als er sich schon in der Absprungsphase befunden hatte. Er springt (weil die Erwartungshaltung geradeaus ist) mitten auf der Stange und versucht, auf dem Sprung noch zu korrigieren, um Herrchen oder Frauchen zu gehorchen und nahe am Sprung landen zu können. Die Belastung auf das Skelett und den Bandapparat müssen hier wohl nicht erwähnt werden.

Hier wird der Hund noch später angerufen und man kann an seiner Rute – seinem Höhenruder - ersehen, wie sehr er versucht, eine Richtungsänderung auf dem Sprung einzuleiten.

In dieser Bildserie wird der Hund gestellt und abgebremst, damit er sich vor dem Sprung versammeln kann. Hier ist auch die Rute in die richtige Richtung gedreht, der Hund braucht keinerlei Extra-Energieaufwand über dem Sprung und auch keine unruhige Korrektur.

Auch bei einem Medium-Hund sieht es schlimm aus, wenn dieser erst in der Luft Informationen über den weiteren Parcoursverlauf erhält.

oder schon drehend über dem Sprung). Es ist auch sehr gut ersichtlich, wie der Hund die Rute als Höhenruder einsetzt.

Wir haben versucht, den Hund in der richtigen Richtung über dem Sprung zu fotografieren und ihn manchmal auch voll »reinlaufen« lassen. Sie sehen auf den Bildserien der Seiten 74 und 75 wie wichtig es ist, dass der Hund rechtzeitig weiß, wo es langgeht.

Immer wieder wird behauptet, dass es »so« einfach sei mit kleinen Hunden. Klar ist die Distanz zwischen den Hindernissen vergleichbar größer, aber auch für kleine Hunde ist es ungesund, zu weit zu springen. Außerdem kämpfen »Medium-Teams« und »Small-Teams« untereinander. Das heißt, wenn ein anderer »Small-Hund« eng springt, nützt es mir nichts, wenn viele »Large-Hunde« weit springen, wenn ich auch einen »Small-Hund« besitze.

In England weigern sich beispielsweise viele Hundeführer an Olympischen Spielen oder Weltmeisterschaften zu laufen, die in Hallen stattfinden, weil sie ihre Hunde auf dem Teppich wegen großer Rutschgefahr nicht gesundheitlich gefährden wollen. Klar ist das Risiko, sich auf einem Teppich eine Zerrung zu holen, groß, aber der Teppich zeigt uns auch an, wo wir noch Führdefizite haben. Rutscht der Hund, heißt das für uns vor allem auch, dass der Hund nicht rechtzeitig die Informationen darüber erhalten hatte, was folgt.

Auf Rasen wirken schließlich die gleichen Kräfte, nur mit dem Unterschied, dass der Hund nicht rutscht und diese Kräfte gut abfangen kann. Der Hund muss diese extremen Kräfte mit seinem Gelenk- und Bandapparat auffangen, was für ihn sehr ungesund sein kann. Wenn Sie nun versuchen, den Hund auf den Sprüngen mit Vorausdenken etwas anders zu führen, ist schon sehr viel Belastung weg. Der Hund wird es Ihnen danken.

Übungen mit einem einzelnen Sprung

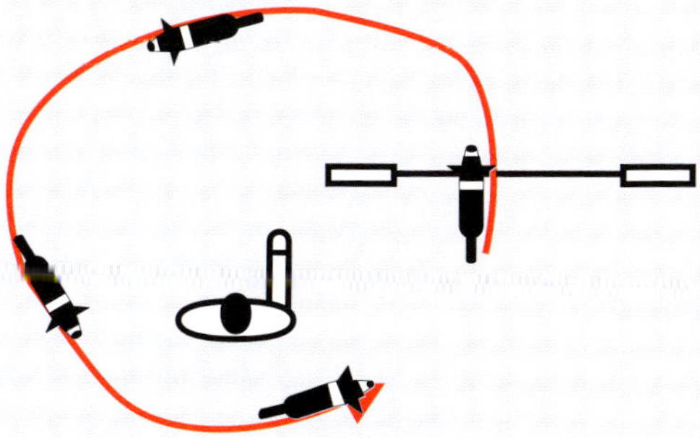

Der Hund wird über den Sprung geschickt und nach der Landung mit dem Change-Kommando um den HF herumgeführt und erneut über den Sprung gesandt.

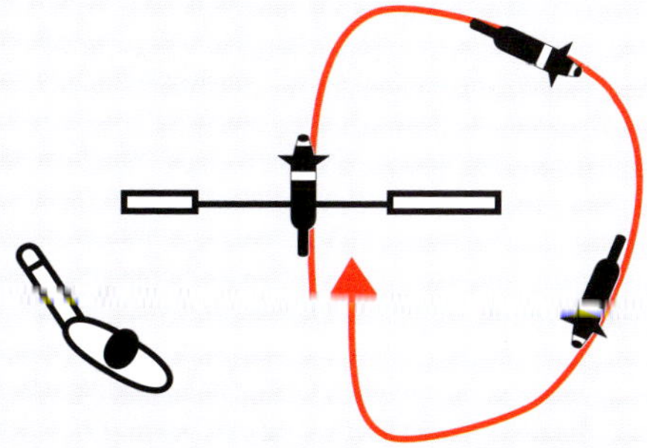

Der Hund wird mit einem Handwechsel über den Sprung geschickt, nach der Landung zum HF gerufen und erneut über den Sprung mit einem Handwechsel gesandt.

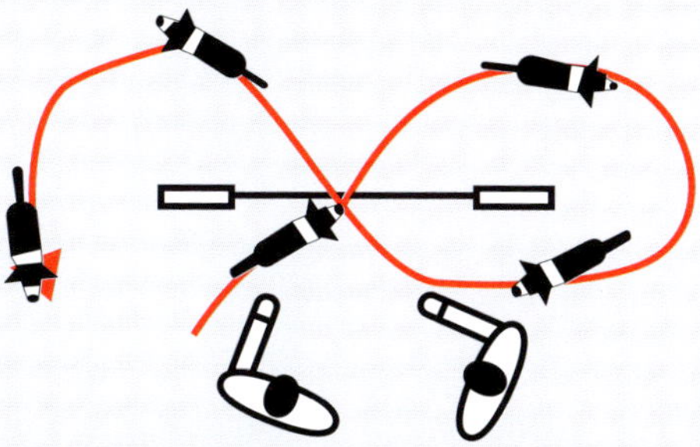

Der Hund wird einmal über den Sprung geschickt und mit einem Belgier (statisch) erneut über den Sprung gesandt.

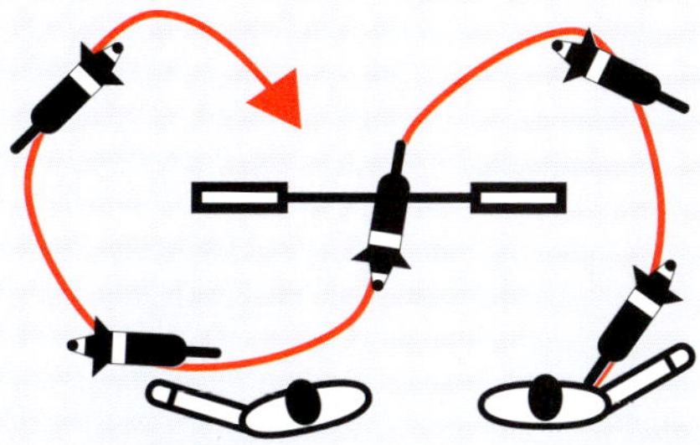

Der Hund wird einmal hinter den Sprung geschickt und vor dem HF mit der linken Hand erneut hinter den Sprung gesandt.

Da diese Übungen »Endlosschlaufen« sind, warten Sie bitte nicht mit dem Loben und Bestätigen, bis der Hund einen Fehler macht. Bestätigen Sie am Anfang jede Runde.

Wenn ein Hund ein Problem mit den Stangen hat, würde ich eine Zeit lang nur auf einem Sprung oder höchstens zwei Sprüngen arbeiten. Der Hund muss lernen, wie er mit seinem Körper umzugehen hat. Beim Pferdespringsport werden Sprünge sehr oft und in allen möglichen Formen trainiert. Beim Agility werden oft Slalomeingänge, Zonen, etc. trainiert und Sprünge hingegen vernachlässigt, in der Annahme, das sei Sache des Hundes. Ich bin durchaus auch der Meinung, dass Springen der »Job« des Hundes ist, aber ein »Job« kann nur dann richtig und souverän gemacht werden, wenn derjenige, der ihn ausführt, auch eine fundierte Ausbildung hat. Wenn der Hund mit sechs Metern pro Sekunde angerannt kommt, kann er nicht gleichzeitig denken und alles richtig machen. Das ist vergleichsweise, wie wenn ich mit einem Ferrari Auto fahren lerne und die ersten drei Gänge gesperrt sind! Wenn ich jetzt mit wenig Tempo arbeite, kann ich dem Hund auch »erklären«, was ich möchte. Berührt der Hund die Stange, sage ich »Äh-Äh«. Arbeitet der Hund den Sprung mit Erfolg ab, bekommt er eine Bestätigung. Ich arbeite zu Beginn den Sprung nur einmal ab. Begreift der Hund, was er zu tun hat, kann ich ihn die Hürde in Folge zweimal oder gar dreimal arbeiten lassen. Bestätigen Sie immer wieder, wenn der Hund erfolgreich war. Einige Hunde bieten eine perfekte Sprungtechnik an, mit anderen muss hart daran gearbeitet werden.

Selbstverständlich gibt es auch andere Trainingsmethoden, die mit dem Barren beim Springsport verglichen werden können. Natürlich kann ich den Hund dafür strafen (in welcher Form auch immer), dass er eine Stange reißt, nur hilft ihm dies recht wenig. Die Technik des Hundes zu verbessern, heißt einen enormen Arbeitsaufwand auf sich zu nehmen. Wenn der Hund jedoch eine gute Technik erlernt hat, wird er diese sein Leben lang anwenden. Barren muss man immer wieder, weil man dem Tier nur vermittelt, dass es falsch ist, eine Stange zu reißen, man ihm aber keine Chance gibt zu erlernen, wie ein Sprung richtig zu absolvieren ist. Dafür gibt es mehrere Übungen, erst mit einem Sprung, danach auch mit zwei oder mehreren Sprüngen. Versuchen Sie dabei ruhig zu bleiben und den Hund einfach einmal arbeiten zu lassen.

Viele Hunde haben am meisten Probleme damit, dass sie Stangen reißen, wenn man sie auf dem Sprung anspricht. Auch dies kann ich üben, indem ich den Hund nicht mit »hundert Sachen« sondern erst mal ganz ruhig arbeiten lasse. Dabei spreche ich ihn ganz bewusst auf dem Sprung an. So hat der Hund eine reelle Chance zu verstehen, was wir eigentlich von ihm wollen und dass es Priorität Nr. 1 ist, die Stange oben zu lassen.

Springen ist eine Vertrauenssache. Wenn der Hundeführer nun im Wege steht, weil er den Belgier beispielsweise nicht beendet hat, traut sich der Hund (je nach dem) nicht, den Sprung zu nehmen. Er kann zum Beispiel an der Hürde vorbeilaufen oder die Stange reißen. Machen Sie in aller Ruhe folgende Übungen mit dem Hund:

Lassen Sie den Hund auf der einen Seite des Sprunges warten. Positionieren Sie sich auf der anderen Seite, gemäß den Skizzen auf Seite 79. Lassen Sie auch hier den Hund mit Erfolg arbeiten. Wenn Sie dem Hund von Anfang an zu wenig Platz lassen, wird er dem Sprung ausweichen. Gehen Sie in diesem Falle einen Schritt zurück und arbeiten Sie mit kleinen Lernschritten.

Bei der Übung 1 (Seite 79) stellen Sie sich etwas in die Stange rein, so dass der Hund nur einen bedingten Platz zur Verfügung hat. Bestätigen Sie den Hund mit Spielzeug oder Futter. Nun lassen Sie dem Hund immer etwas weniger Platz, so dass er am Ende nur noch den Platz vom Anderthalbfachen seiner Körperbreite zur Verfügung hat. Legen Sie zu Beginn solcher Übungen erst die Stange noch tief, um dem Hund unter diesen Bedingungen das Lernen zu vereinfachen. Legen Sie die Stange danach Schritt für Schritt höher bis zur Wettkampfhöhe, wenn der Hund die vorherige Stufe erfolgreich erarbeitet hat. Bei der Übung 2 stehen Sie frontal zum Hund (Seite 79 unten). Viele Hunde haben Mühe, auf den Hundeführer zuzuspringen. Diese

Sprungtechnik üben

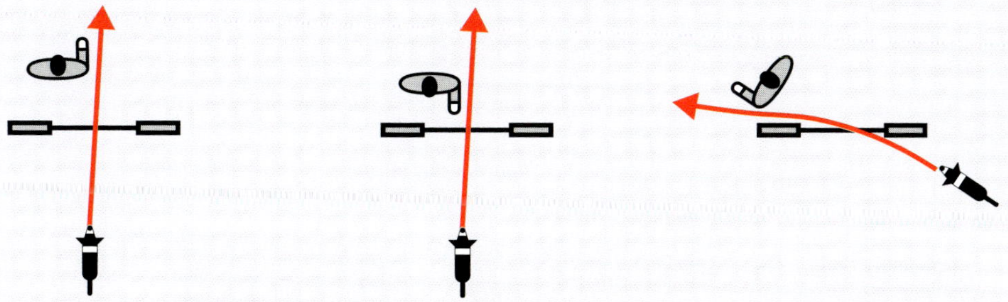

1. Stellen Sie sich in den Sprung rein. Der Hund muss lernen, auch mit wenig Platz auszukommen. Machen Sie es ihm einfach, indem Sie in die Laufrichtung schauen.

2. Nun stehen Sie frontal zum Hund im Sprung. Der Hund muss lernen, auch mit Druck und wenig Platz auszukommen.

3. Der Hund soll auch seitlich mit wenig Platz auskommen. Verweigert der Hund den Sprung, stehen Sie zu dicht. Beachten Sie, dass dies das Endziel ist. Fangen Sie also einfach an.

Übung hat sich auch bewährt, um dem Hund das »Rum« oder »Change« verständlich zu machen. Wenn der Hund springt, werfen Sie das Spielzeug nach hinten. Variieren Sie immer auch die Distanz zum Sprung.

Bei der Übung 3 (Grafik oben rechts) soll der Hund mit wenig Platz auskommen und dazu noch schräg über den Sprung kommen. Es braucht ein enormes Vertrauen, bis der Hund diese Art von Übung ausführt. Gehen Sie daher nicht zu schnell vorwärts. Wenn der Hund den Sprung verweigert, schimpfen Sie nicht mit ihm. Gehen Sie davon aus, dass er diese Arbeit nicht kennt und beginnen Sie mit einer einfacheren Übung.

Siehe dazu auch die Bilderserie auf den Seiten 80 und 81: ... in voller Fahrt beim »Rücksicht« nehmen.

Stangenprobleme

Vielen Hunden ist es gar nicht klar, dass sie die Stange nicht berühren sollen. Sie haben oftmals keine Zeit, sich bewusst auf den Sprung zu konzentrieren. Um dem Hund das beizubringen, kann man auch den Lauf abbrechen: Jedes Mal, wenn der Hund eine Stange wirft oder die Stange unterläuft, wird der Lauf abgebrochen. Ich habe schon viele Hundeführer getroffen, die das Timing für den Abbruch nicht erwischen. Versuchen Sie, große Distanzen zwischen den Geräten einzubauen, damit der Lauf des Hundes auch wirklich bei der Hürde abgebrochen werden kann, welche er reißt oder unterläuft. Meist reagieren die Hundeführer zu spät und der Hund wird nach dem richtigen Absolvieren eines Sprunges angehalten.

Versuchen Sie einfach immer, die Situation mit den Augen des Hundes zu sehen, dann unterlaufen Ihnen solche Timing-Fehler nicht. Ich persönlich möchte lieber, dass mein Hund lernt, wie er seinen Körper auf dem Sprung einzusetzen hat, und dass er die Stange nicht berühren soll.

Siehe: »Jumping Grids« Seite 82.

... In voller Fahrt beim »Rücksicht« nehmen

Der Hund soll lernen, auch in voller Fahrt auf den Hundeführer »Rücksicht« zu nehmen. Der Arm ist übrigens nur oben, um wenigstens noch ein bisschen Platz zu gewährleisten. Bitte beachten Sie, dass die Fotos das Endziel darstellen. Zu Beginn habe ich mehr Platz gelassen. Mein Driven weiß heute sehr genau, wie er mit solchen Situationen umzugehen hat.

Diese Übung kann mit einer Tunnelverleitung am Ende der Sprünge erschwert werden. Dies ist für mich wie ein Antischleuderkurs: Je mehr der Hund auf solchen Sprungkombinationen kann, desto mehr kann er sein Tempo erhöhen. Er lernt gleichzeitig, Rücken und Beine richtig einzusetzen.

Oft fällt mir auf, dass es Hunde mit fürchterlichen Sprungtechniken gibt. Beim Springsport würde man sagen, »die Pferde springen ohne Rücken« und würde an der Technik arbeiten.

Testen Sie sich mal selber: Machen Sie ein Hohlkreuz. Beugen Sie sich vornüber und stellen sich auf ein Bein. Nun versuchen Sie, sich seitlich zu biegen. Sie merken, wie instabil Ihre Füße dabei sind. Machen Sie nun dieselbe Übung mit einem runden Rücken. Sie werden merken, dass, obwohl Sie sich nun seitlich biegen, eine gewisse Stabilität da ist und es einfacher ist, sich zu drehen.

Wie können Sie eine gute Sprungtechnik aufbauen oder ein Stangenproblem beheben?

Nehmen Sie fünf bis sieben Sprünge und stellen diese etwa im Abstand von einer Hundelänge (gemessen vom Genick bis zum Rutenansatz) auf. Legen Sie die Stangen tiefer als normal (für einen Large-Hund beispielsweise max. Medium-Höhe, siehe Fotos rechts). Wichtig: Immer wenn Sie die Sprunghöhe hochsetzen, müssen auch die Abstände vergrößert werden.

Stellen Sie den Hund ganz dicht an den ersten Sprung. Wenn Sie eine längere Distanz wählen, wird der Hund die ersten zwei Hürden springen wollen, da er gelernt hat, früh abzuspringen. Er würde somit komplett in die Stange des zweiten Sprunges springen. Um sich nicht weh zu tun, wird er beide miteinander springen. Das ist aber nicht das Ziel. Also: Den Hund nahe an den Sprung setzen, der Hundeführer positioniert sich vor dem zweiten Sprung und schaut den Hund an. Arbeiten Sie hier mit Futter, damit der Hund ruhiger agiert. Zeigen Sie dem Hund, dass Sie Futter in der Hand haben. Sobald der Hund den ersten Sprung genommen hat,

Sprungtechnik aufbauen, Schritt 1.

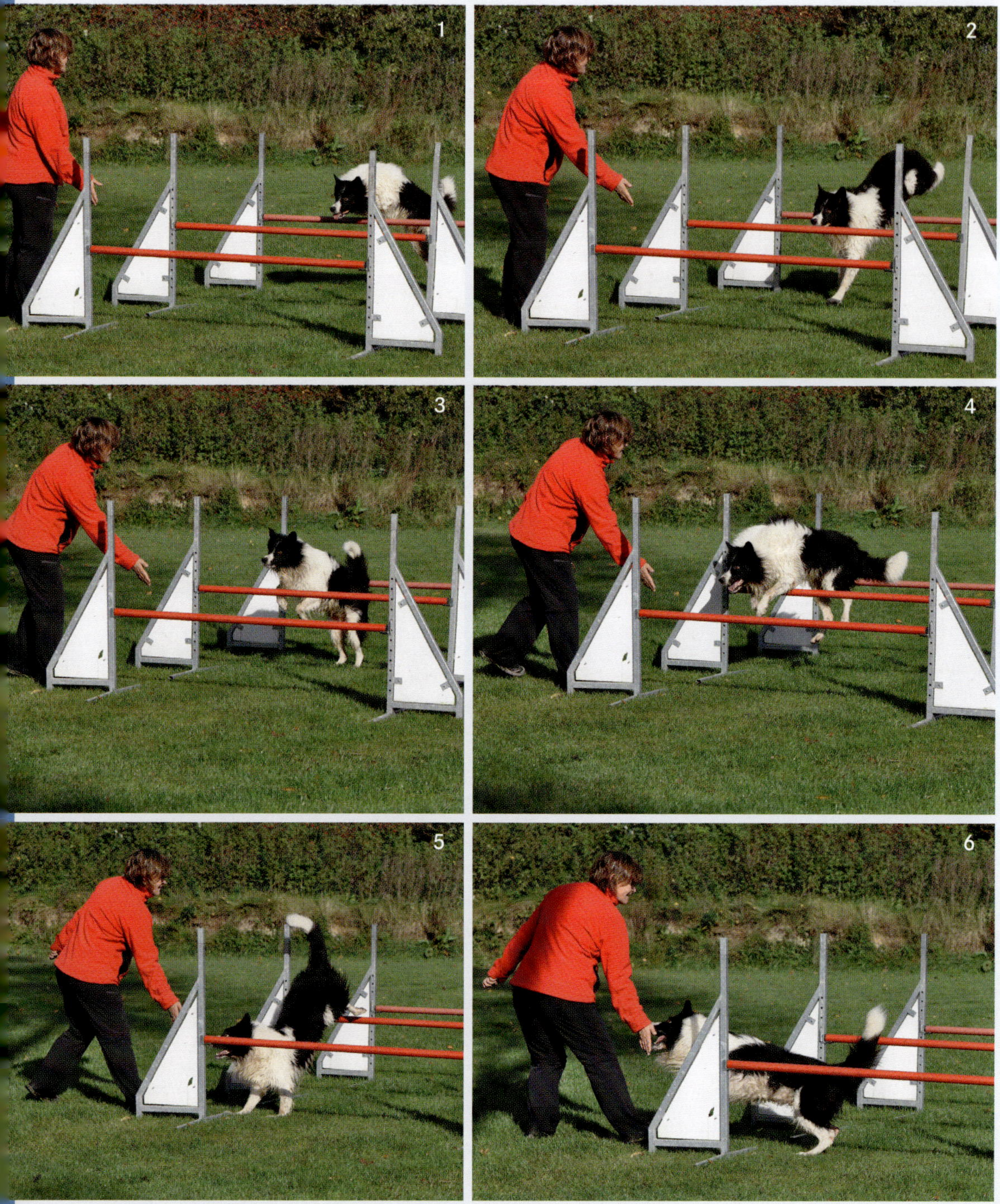

Schritt 2: Die Hunde lernen bei dieser Übung das »In/Out«, das heißt, in der Landung gleich wieder zu springen.

ziehen Sie ihn seitlich aus den Hürden raus. Gehen Sie nicht zu schnell vorwärts. Überfordern Sie den Hund nicht, denn er muss sich enorm konzentrieren.

Geben Sie dem Hund das Futter nie, wenn er die Stange berührt. Wenn der Hund diese Übung auf beiden Seiten kann, gehen Sie eine Hürde weiter.

Mit dieser Übung muss der Hund auch lernen, sich auf dem Sprung zu biegen. Es kann sein, dass der Hund bei der letzten Hürde plötzlich anfängt, zwei Hürden auf einmal zu springen. Dann gehen Sie einen Schritt zurück und beginnen notfalls von vorn.

Die letzte Hürde ist am schwierigsten, lassen Sie Ihrem Hund Zeit. Die Übung ist dann beendet, wenn Sie den Hund über die Hürden schicken oder abrufen und auch seitlich mitlaufen können. Die letzten Aufgaben sind sehr schwer und nur für einen Hund geeignet, der schon einige Übung hat. Ich persönlich mache diese Übung alle drei bis vier Wochen und höre nach ein paar Minuten wieder auf. Machen Sie diese Übung lieber kurz, aber erfolgreich. Die Hunde ermüden sehr schnell, da es einiges an Koordination von ihnen erfordert. Auch lernen Hunde mit dieser Übung »In/Outs« zu meistern, das heißt, in der Landung gleich wieder wegzuspringen und ihren Rücken wie ein Delphin einzusetzen.

Es gibt Hunde, die körperbedingt Mühe haben, sich zu biegen. Auch gibt es Hunde, die sich auf die eine Seite sehr gut, aber auf die andere Seite nur schlecht biegen können. Damit der Hund lernt, sich über der Hürde komplett zu biegen, können Sie folgende Übung machen: Stellen Sie den Hund zwischen dem ersten und zweiten Sprung auf. Platzieren Sie ihn nicht direkt vor dem Sprung, sondern so, dass er ihn in einem Winkel anlaufen muss. Sie stellen sich auf die andere Seite des Sprunges. Der Hund soll so lernen, sich über dem Sprung zu biegen. Wenn er die Stange berührt, bekommt der Hund keine Belohnung. Nur wenn der Hund die Hürde erfolgreich nimmt, bestätigen Sie ihn mit einem Leckerchen. Während der Hund springt, drehen Sie sich mit ihm vom Sprung weg und geben ihm das Leckerchen an Ihrem Bein. Machen Sie die Übungen immer auf beiden Seiten.

V. KÖRPERSIGNALE

Ein wichtiges Mittel zur Ausbildung eines Agilityhundes ist die Sprache unseres Körpers. Hunde kommunizieren viel untereinander. Sie kommunizieren nicht wie wir in Worten bzw. Lauten, sondern nonverbal, d.h. sie sprechen mit ihrem Körper. Auch wir Menschen können nonverbal kommunizieren. Der Mensch macht dies meist unbewusst, weil er von Geburt an gewohnt ist, auf Laute bzw. Worte zu achten. Wenn wir mit dem Hund arbeiten ist es wichtig, dass wir uns bewusst sind, was einzelne Bewegungen oder Gesten von uns Menschen beim Hund bewirken.

REGULA TSCHANZ-HAAS

Füße

Hunde ob groß oder klein orientieren sich stark an den Füßen. Der Hund ist sehr intelligent und so ist ihm auch klar, dass sein Hundeführer in die Richtung laufen wird, in die dessen Füße zeigen. Es ist sehr lehrreich, wenn die Teams zwischendurch mal ohne Zeigen und Sprechen auskommen müssen. Die Hände werden seitlich an den Körper gelegt und die Schüler dürfen die Geräte einfach nur anlaufen. Ich nehme dazu in der Regel nur Hürden (Sprünge). Wechsel können problemlos eingebaut werden. Diese Übung verlangt viel Konzentration sowohl vom Hund als auch vom Hundeführer. Sie zeigt oft Mängel in der Führung des Hundeführers auf.

Blicke

Augen sagen sehr viel aus. Selbst Menschen spüren, wenn sie angestarrt werden. Hunde haben in dieser Beziehung ein noch größeres Feingefühl. Wenn sie als Hundeführer das falsche Gerät anschauen, wird der Hund auch das falsche Gerät absolvieren.

Soll der Hund von mir wegarbeiten, konzentriere ich mich auf das Gerät vor mir und fixiere auf keinen Fall meinen Hund. Soll er nahe bei mir arbeiten, baue ich Augenkontakt mit ihm auf.

Bewegung

Die Bewegung ist sehr wichtig. Gehen Sie immer in die Richtung, in die der Hund laufen soll. Wichtig ist, dass der ganze Körper in die gewünschte Richtung zeigt ohne ein seitliches Über-die-Schulter-Gucken und Kontrollieren des Hundes. Es ist wie beim Fahrradfahren: Wenn ich damit in die Kurve fahre, nehme ich auch den ganzen Lenker mit und orientiere mich nach vorne.

Mit der Anpassung der Laufgeschwindigkeit kann man wichtige Informationen geben. Laufe ich mit hohem Tempo, soll der Hund ebenfalls ein hohes Tempo vorlegen. Nehme ich Tempo raus, soll er sein Tempo anpassen. Beispiel: Der Hund wird in einen Tunnel geschickt und soll anschließend eng rauskommen. Wir schicken ihn mit dem Kommando »Tunnel« in Richtung Tunnel. Der Hundeführer rennt nebenher und macht kurz vor dem Tunneleingang einen kleinen Stopp und verharrt einen Moment. Durch dieses kurze Einbremsen wird der Hund sein Tempo anpassen und danach ganz eng aus dem Tunnel kommen.

Bei Wechseln ist es wichtig, dass das zu absolvierende Gerät genau angesagt wird. Die Hände zeigen auf das Gerät, die Augen schauen das Gerät an, der Hund bekommt ein verbales Kommando und die Füße fangen

Die Hände dienen als Leitplanke und sind das wichtigste Werkzeug der Körpersprache.

bereits an, sich in den Wechsel einzudrehen. Der Hundeführer muss lernen, seinen ganzen Körper genau einzusetzen.

Kommandos

Ein gut ausgebildeter Hund kennt verschiedene Wortkommandos und kann durch diese Sprachanweisungen bei der Führung unterstützt werden. Oftmals ist es so, dass verbale Kommandos Ungenauigkeiten des Körpers übertönen. Rettet der Hund bei einem Konzentrationsfehler des Hundeführers später in einem Parcours die Situation, weil er eine gute Geräteerkennung gelernt hat, können wir ihm nur danke sagen.

Die Hände dienen als Leitplanke

Die Hände sind für mich das wichtigste Werkzeug der Körpersprache. Wenn man die internationale Agilityszene beobachtet, stellt man fest, dass die Hunde heute vorwiegend an die Hand gearbeitet werden. Der Hund soll auf Befehl (Handtargetkommando) an die Hand kommen und wird über Handzeichen durch den Parcours geführt. Ich persönlich arbeite meist mit beiden Händen. Die Führhand weist dem Hund den Weg, die Sperrhand rundet ab und die Führhand übernimmt wieder.

Durch den Gebrauch beider Hände gleichzeitig ist die Schulterhaltung für den Hund eindeutig und die Füße können sich bereits in die nächste Situation reinarbeiten.

Handtarget

Qui, ici, hier, da, etc.

Das »Qui« ist das erste Kommando, das mein Welpe nach seinem Namen lernt. Mit dem »Qui« lehre ich ihn, die ihm jeweils hingehaltene Hand mit der Nase zu berühren. Der Welpe bekommt dreimal pro Tag Futter. Anstatt ihm nun das Futter einfach quasi gratis vor die Nase zu stellen, packe ich das

Das »Qui« ist das erste Kommando, das der Welpe – nach seinem Namen – lernen soll.

Futter in meine Hosentaschen und gehe mit dem Welpen an einen ruhigen Ort, wo ich mit ihm alleine bin. Nun nehme ich Futter in beide Hände, halte ihm die eine Hand mit dem Kommando »Qui« vor die Nase. Der Welpe riecht das Futter und will es sich holen. Dabei stupst er mich mit seiner Nase an die Hand, die ich ihm hinhalte. Sobald er mich berührt, öffne ich die Hand und gebe ihm das Futter. Das Gleiche mache ich mit der anderen Hand. Der Welpe bekommt abwechslungsweise aus der linken und der rechten Hand Futter, sobald er die Hand berührt. Bei jedem Hinhalten der Hand sage ich gleichzeitig das »Qui«. Das üben wir, bis das Futter für die jeweilige Mahlzeit aufgebraucht ist. Der Welpe ist gefüttert und hat gleichzeitig was dabei gelernt.

Wir üben das über mehrere Tage. Die Hand ist einmal vor mir, neben mir, hinter mir, ich strecke sie nach vorne, seitlich von mir weg, nach unten. Achtung: Alle Varianten immer mit der rechten und mit der linken Hand üben. Nach einigen Tagen strecke ich meinem Hund die Hand hin mit dem Kommando »Qui«, ohne Futter in der Hand zu halten. Sobald er die Hand berührt, wird er mit Futter belohnt. Aufpassen: Immer aus der Hand füttern, die er berührt hat. Ab jetzt üben wir nur noch ohne Futter in der Hand. Der Hund wird jedesmal mit dem Leckerchen belohnt. Achtung: Es ist wichtig, dass der Hund die Hand in jeder Position anstupst. Oft wird mir erklärt, wie gut ein Hund das kann. Wenn ich verlange, dass der Hundeführer die rechte Hand seitlich von sich wegstreckt und »Qui« sagt, hockt der Hund vor dem Hundeführer und starrt diesen an. Da ist also definitiv etwas falsch gelaufen.

Wenn ich das »Qui« bei meinen Hunden verlange, schaue ich nie den Hund an, sondern starre intensiv auf meine Hand. Der Hund bemerkt das, folgt meinem Blick und berührt dann die Hand. Was ich oft sehe, ist, dass die

Hand zum Hund geht, anstatt der Hund zur Hand. Wenn ich jedoch von Anfang an konsequent alles richtig mache und jedesmal, wichtig jedesmal, mit Futter das korrekte Anstupsen bestätige, klappt das »Qui« in wenigen Tagen wunderbar. Das »Qui« soll selbstverständlich nicht nur zu Hause in der ruhigen Stube klappen, sondern auch unter Ablenkung an x-beliebigen Orten. Auf dem Hundeplatz, am Bahnhof, auf dem Spaziergang, wenn die vierbeinigen Kollegen rumrennen usw.

Ein Hund, der schon früh auf das Handtarget geprägt wurde, ist beim Aufbau der Geräte viel einfacher zu führen, weil er beim Rennen nicht meinen Beinen, sondern meiner Hand nachrennt.

Das »Qui« trainiere ich mit meinen Hunden bis zum Exzess. Ich kann vorwärtsrennen, eine Hand auf den Rücken legen und weiß mit absoluter Sicherheit, dass meine Hunde meiner gezeigten Hand folgen werden.

Immer wieder sagen mir Seminarteilnehmer: »Ich darf meinen Hund doch nicht aus den Augen lassen.«

Diese Aussage ist für mich nicht mehr zeitgemäß. Einem ausgebildeten Hund muss ich Vertrauen geben, denn ich habe ihn ausgebildet. Er hat gelernt, meiner Hand zu folgen, also vertraue ich darauf, dass das klappt.

Es gibt Situationen im Parcours, vorwiegend bei starken Verleitungen, in denen ich meinen Hunden mit einem Kontrollblick und damit unweigerlich mit einem leichten Schulterdrehen eine völlig falsche Richtung angebe. Laufe ich vertrauensvoll in die gewünschte Richtung und teile meinem Hund mit, welcher Hand er zu folgen hat, zeige ich ihm die korrekte Laufrichtung an und er folgt mir durch die schwierigsten Passagen.

Der Hund hat vier Beine – ist ihm das bewusst?

Viele Hunde arbeiten vorwiegend mit den Vorderbeinen und nutzen ihre Hinterhand nicht bewusst.

Das sieht man ganz oft an den Zonen, wenn die Hunde sich beim Stoppen am Ende der Zone (two on two off) nicht halten können. Das Gewicht des Hundes geht dadurch vorwiegend auf die Vorderhand, was für die Gelenke der Vorderhand nicht gesund ist.

Es gibt unzählige Übungen, die wir mit dem Hund machen können, um ihm das bewusste Einsetzen der Hinterhand anzutrainieren.

Hier einige Beispiele:

Eine normale Sprossenleiter auf die Erde legen und den Hund langsam und bewusst durchführen, indem er zwischen die Sprossen tritt (siehe Foto rechts unten). Zu Beginn nehmen Sie den Hund an die Leine. Diese Übung stärkt die Konzentration des Hundes.

Dem Hund »Mitte« beibringen und ihn dabei mit den Vorderpfoten auf unsere Füße stehen lassen. Zuerst das Vorwärtslaufen üben. Wenn das klappt und der Hund dabei auf unseren Füßen stehen bleibt, kann man nach links drehen, danach nach rechts und rückwärts laufen (siehe Fotos rechts oben).

Dies ist eine sehr lustige Übung, die man gut mit dem Junghund machen kann: Mit den Vorderpfoten auf einem Hocker stehen lassen und mit den Hinterpfoten um den Hocker rumlaufen lassen.

Wenn der Hund älter ist, kann man ihm beibringen, rückwärts an einer Wand hochzugehen. Um sich an der Wand halten zu können, muss der Hund Druck auf die Hinterhand geben – und lernt so ganz bewusst, seine Hinterhand einzusetzen.

VI. DIE ARBEIT AN DEN GERÄTEN

REGULA TSCHANZ-HAAS

Tunnel

Der Tunnel ist ein Gerät, das eigentlich alle Hunde mögen. Beim Anlernen nehme ich einen nicht zu langen Tunnel (ca. vier Meter), ziehe ihn gerade aus und achte darauf, dass er gut befestigt ist (er sollte nicht wegrollen, wenn der Hund durchgeht). Der Hundeführer platziert nun den Hund direkt vor dem Tunnel und hält ihm beim ersten Mal, damit er keinen Fehler machen kann, am Halsband fest. Der Übungsleiter befindet mit dem Spielzeug des Hundes am anderen Ende des Tunnels. Der Übungsleiter geht in die Hocke und ruft den Hund durch den Tunnel an. Der Hundeführer zeigt nun mit seiner freien Hand auf den Tunnel, gibt dem Hund das Kommando »Tunnel« und lässt ihn in dem Moment los, in dem der Hund die Aufmerksamkeit auf den Übungsleiter (also nach vorne) richtet. Der Hund läuft durch den Tunnel und sobald er mit der Nasenspitze rausschaut, wirft der Übungsleiter das Spielzeug zur Bestätigung nach vorne (vom Tunnel weg). Das Spielzeug sollte flach nach vorne und nicht zu weit geworfen werden. Der Hundeführer läuft am Tunnel entlang, lässt den Hund das Spielzeug holen, ruft seinen Hund wieder zu sich und spielt kurz mit ihm. Wir machen das Gleiche nochmals, aber der Hundeführer stellt sich beim Start nun auf die andere Seite des Hundes. Die Übungen werden immer von beiden Seiten gemacht, das heißt, einmal wird der Hund auf der rechten Seite des Hundeführers positioniert und einmal auf der linken Seite. Beim Agility ist es sehr wichtig, dass der Hund bei allen Geräten beidseitig geführt werden kann.

Der Hundeführer geht etwas weiter vom Tunneleingang weg, lässt den Hund warten, stellt sich seitlich daneben und schickt ihn mit dem Kommando »Tunnel« wieder durch den Tunnel. Die Distanz zum Tunneleingang wird immer weiter vergrößert. Auch die seitliche Distanz vom Hundeführer zum Hund wird variiert. Der Hund soll lernen, dass er, unabhängig von der Stelle, an der der Hundeführer steht, den Tunnel anvisiert. Der Tunnel ist immer noch gerade, aber der Hundeführer beginnt jetzt, Winkel einzubauen, in dem er sich seitlich zum Tunneleingang hinstellt. Achtung: Nicht vergessen, auch da immer auf beiden Seiten arbeiten. Wir vergrößern die Distanz nun auch seitlich. Der Übungsleiter wirft dem Hund das Spielzeug immer in gerader Linie nach vorne. So lernt der Hund, nach dem Tunnel geradeaus weiterzulaufen und sich nicht nach dem Hundeführer umzuschauen. Die Winkel können geübt werden, bis der Hundeführer beim Ausgang des Tunnels steht und den Hund rechtsherum und linksherum zum Tunneleingang senden kann. Der Hund lernt dadurch, den Tunneleingang selbständig zu suchen und nach vorne durchzulaufen.

Test: Wir stellen den Tunnel mitten auf den Platz, platzieren uns mit dem Hund in ca. zehn Metern Distanz davor (kann auch seitlich sein) und geben dem Hund das Kommando »Tunnel«. Wenn der Hund selbständig losläuft und durch den Tunnel saust, wissen wir, dass er jetzt weiß, was ein Tunnel ist. Unsere Freude ist groß, was wir auch dem Hund mit Jubel und Lob kundtun.

Wir beginnen anschließend, den Tunnel langsam zu biegen. Ab jetzt arbeite ich gerne mit längeren Tunnels (ca. sechs Meter). Der Tunnel wird stetig weiter gebogen, bis er schlussendlich in einer U-Form dasteht.

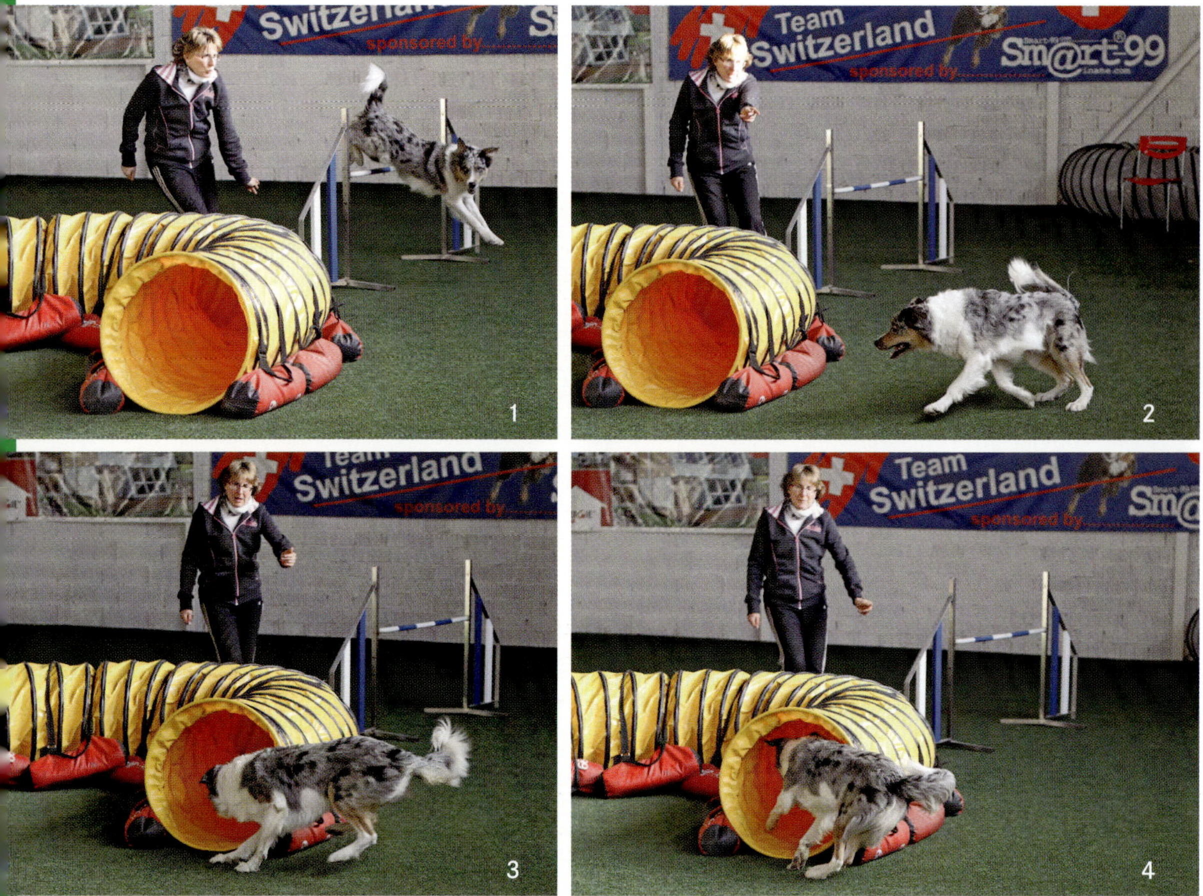

Der Hund soll »versteckte« Tunneleingänge suchen.

Der Hund wird abwechselnd von rechts und links reingeschickt. Der Hundeführer kann auch mal an der äußeren Seite entlanglaufen (das heißt auf der Bogenseite, nicht auf der Eingangsseite). Dann werden Wechsel hinter dem Hund eingebaut. Den Hund linksgeführt reinschicken und rechtsgeführt beim Tunnelausgang aufnehmen. Oder Hund rechtsgeführt reinschicken und linksgeführt beim Tunnelausgang aufnehmen. Jetzt soll der Hund lernen, nach dem Tunnel nicht immer geradeaus weiterzulaufen. Wir werfen ihm also das Spielzeug nicht dauernd nach vorne, sondern behalten es in der Hand, rufen den Hund beim Herauslaufen zu uns und spielen mit ihm. Damit der Hund beim Ausgang sofort eindreht und nicht wie bis dahin gelernt geradeaus rausschießt, ruft der Hundeführer ihn, wenn er im Tunnel ist, mit dem Kopf zur Seite gedreht (rufen in Richtung des Tunneleingangs). Der Hund realisiert sofort, dass die Stimme seines Hundeführers in eine andere Richtung hallt und dreht sich so viel schneller zum Hundeführer hin. Der Hundeführer kann dabei gleich die Richtungskommandos einbauen.

Sacktunnel

Der Eingang des Sacks ist dem Tunneleingang sehr ähnlich. Der Hund muss jedoch lernen, durch den zweiten Teil, einen Sack, durchzuschlüpfen. Er muss sich den Ausgang alleine suchen und ist dabei im Dunkeln. Je schneller der Hund durch den Sack läuft, umso schneller sieht er wieder was. Wichtig ist, dass der Hund lernt, gerade durch den Sack zu laufen und sich nicht mit dem Tuch abzudrehen.

Der Hundeführer platziert den Hund direkt vor dem Sackeingang und hält ihn am Halsband fest. Der Übungsleiter bewegt sich mit dem Spielzeug des Hundes am anderen Ende des Sackes und hebt das Tuch so weit wie möglich hoch. Der Hundeführer zeigt mit seiner freien Hand auf den Sack, gibt dem Hund das Kommando »Sack« und lässt ihn in dem Moment los, in dem der Hund die Aufmerksamkeit auf den Übungsleiter (also nach vorne) richtet. Der Hund läuft durch und sobald er mit der Nasenspitze rausschaut, wirft der Übungsleiter das Spielzeug zur Bestätigung nach vorne. Das Spielzeug flach nach vorne und nicht zu weit werfen. Der Hundeführer läuft am Sack entlang, lässt den Hund das Spielzeug holen, ruft ihn wieder zu sich und spielt kurz mit ihm. Wir wiederholen das Ganze einige Male mit jeweiligem Seitenwechsel des Hundeführers, sowie mit einer Vergrößerung der Distanz zum Sackeingang. Der Übungsleiter hebt das Tuch bei jedem Durchlaufen ein bisschen weniger hoch, bis der Stoffteil flach auf dem Boden liegt und der Hund selbständig und schnell durchläuft. Nun versuchen wir, den Hund wieder aus verschiedenen Winkeln in den Sack zu schicken. Genau wie beim Tunnel arbeiten wir uns an beiden Seiten nach vorne,

bis wir den Hund auch vom Sackausgang in den Sack senden können.

Wenn der Hund den Sack seitlich anläuft, besteht die Gefahr, dass er nicht mehr gerade durch den Stoffteil durchläuft, sondern sich mit dem Stoffteil gegen den Hundeführer dreht. Damit das nicht passieren kann, muss der Hund lernen, dass er auch geradeaus laufen soll, wenn er seitlich in den Sack reinrennt. Dazu stelle ich mich als Übungsleiter ans seitliche Ende des Stoffteiles, gehe in die Hocke und halte den Stoffteil am Ende des Sacks mit beiden Händen fest. Der Hund spürt so sofort den Widerstand und läuft geradeaus weiter.

Achtung: Der Übungsleiter darf sich nicht hinter den Ausgang und nicht auf die Seite, auf der der Hundeführer läuft, stellen, sonst könnte es passieren, dass der Hund ihm in die Beine rennt. Also, wenn der Hundeführer mit dem Hund auf der rechten Seite läuft, platziere ich mich als Übungsleiter auf der linken am Ende des Stoffteiles.

Hürde (Sprung)

Der Hundeführer setzt den Hund vor die Hürde und stellt sich in seitlicher Distanz

Bei der Mauer gilt der selbe Grundsatz wie bei den Hürden: pro Monat 5 cm höher stellen.

neben ihn. Der Hundeführer soll so stehen, dass er geradeaus an den Auslegern vorbeilaufen kann. Wenn er zu weit in der Hürde steht, muss er um den Ausleger laufen und zieht seinen Hund dadurch von der Hürde weg. Der Übungsleiter steht auf der gegenüberliegenden Seite der Hürde und hält das Spielzeug des Hundes bereit. Der Hundeführer gibt nun das Kommando »vor Sprung« und läuft mit dem Hund los. Gleichzeitig mit dem Kommando des Hundeführers ruft der Übungsleiter den Hund mit seinem Namen an. Der Hund springt nach vorne und bekommt da sein Spielzeug geworfen. Diese Übung mache ich abwechselnd auf beiden Seiten geführt und mit immer größerer Distanz zur Hürde hin. Auch die seitliche Distanz des Hundeführers zum Hund kann konsequent vergrößert werden. Hier ist es wichtig, dass der Hund, egal wo der Hundeführer steht, in direkter Linie nach vorne arbeitet. Deshalb stehe ich als Übungsleiter immer auf der Lauflinie des Hundes hinter der Hürde. Wir stellen nun eine zweite Hürde dazu. Der Übungsleiter stellt sich hinter die zweite Hürde, um den Hund mit dem Spielzeug anzuziehen. Nach und nach stellen wir immer mehr Hürden in die Reihe. Der Abstand zwischen zwei Hürden ist zu Anfang ca. vier Meter und wird konstant vergrößert, bis er bei sieben bis acht Metern ist. Wenn der Hund die Hürde sauber anzieht und gerade nach vorne läuft, beginnen wir langsam die Stangen nach oben zu arbeiten. Meine Grundregel lautet: pro Monat fünf Zentimeter höher. Eine Reihe von vier bis fünf Hürden stellen wir in jedem Training auf. Dabei werden dem Hund immer wieder verschiedene Varianten präsentiert. Das heißt, die Stangen liegen auf unterschiedlichen Höhen, die Abstände zwischen zwei Hürden sind verschieden groß, oder ich stelle mal eine oder zwei Hürden schief in die Reihe. Man kann auch mal eine geschlossene Hürde hinstellen. Falls man keine besitzt, kann man ganz einfach eine Decke über eine Stange legen. Als Übungsleiter stelle ich mich auch mal so hin, dass ich den Hund seitlich beim Arbeiten beobachten kann. Streckt er bei der Hürde die Vorderläufe nach vorne aus und die Hinterläufe nach hinten, stelle ich fest, dass er sauber und voller Vertrauen springt. Zieht er die Hinterläufe unter den Bauch, werden die Stangen wieder weiter unten aufgelegt, damit der Hund nicht zu viel Energie braucht, um in die Höhe zu kommen, und durch die niedrigere Höhe mehr Zeit hat, um sich zu strecken.

Wichtig ist, dass der Hund nicht auf unser Kommando springt. Stelle ich als Übungsleiter fest, dass der Hund im Moment abspringt, in dem der Hundeführer das Kommando gibt, darf der Hundeführer nur noch neben den Hürden herrennen und durch seine Körperbewegung und durch Zeigen mit der Hand die Richtung angeben. Der Hund lernt dadurch, selbst seinen Absprungspunkt zu suchen, was enorm wichtig ist. Hunde, die ihren Absprungspunkt selbst suchen, werfen auch dann keine Stangen, wenn der Hundeführer in Bewegung ist oder sie auf dem Sprung anruft.

Wir bauen nun einen Winkel von ca. 45° ein. Die Winkel werden nach und nach vergrößert. Auch das natürlich wieder nach links und nach rechts. Arbeite ich mit Winkeln, lege ich die Stangen wieder tiefer, als der Hund auf der Hürdenreihe gewohnt ist. Bei technischen Übungen soll der Hund genug Zeit haben, um seinen Körper auf die Biegung vorbereiten zu können. Ist er sicher in der Biegung, wird wieder in die Höhe gearbeitet.

Nun können wir beliebige Hürdenkombinationen mit verschiedenen Winkeln stellen. Der Hund soll Hürden auch schief anlaufen, damit er lernt, seitlich zu springen. Er soll vor dem Hundeführer über die Hürde geschickt, und auch gegen den Hundeführer über die Hürde gerufen werden.

Wichtig: Lasst die Hunde möglichst nach jedem Training eine gerade Hürdenreihe absolvieren, damit sie sich wieder lösen können – sei es nach einem schwierigen technischen Training oder einfach nur, um das »Voran« immer wieder zu vertiefen.

1

2

Doppelhürde (Doppelsprung)

Immer wieder stelle ich fest, dass Hunde, die bereits Wettkämpfe bestreiten, noch nie eine Doppelhürde gesehen haben. Steht dann in den oberen Klassen mal eine solche im Parcours, ist es für Hund und Hundeführer ungewohnt. Ich finde es wichtig, dass der Hund bereits während dem Aufbau die Doppelhürde erlernt. Dazu nimmt man ganz einfach zwei Hürden und stellt sie dicht nacheinander auf. Die hintere Stange soll dabei ca. fünf Zentimeter höher liegen als die vordere. Nach und nach arbeiten wir uns auch da in die Höhe und in die Tiefe. Stelle ich die Hürden etwas höher, lasse ich die Distanz zwischen den zwei Hürden geringer werden. Arbeite ich an der Distanz der beiden Hürden, bleiben die Stangen wieder etwas tiefer. Auch die Höhendistanz der zwei Stangen soll variiert werden. Wir beginnen mit fünf und arbeiten uns hoch bis 20 Zentimeter.
In der Regel benütze ich bei der Doppelhürde das gleiche Kommando wie bei der normalen Hürde.
Anmerkung: Falls ein Hund trotzdem immer und immer wieder Mühe mit dem sauberen Überspringen einer Doppelhürde hat, trainiere ich ihm ein spezielles Doppelhürdenkommando an, z.B. »high«. Beim Training stelle ich dann auch zwei Stangen gekreuzt direkt vor die Doppelhürde. Das hilft dem Hund, die Hürde optisch besser wahrzunehmen. Die Stangen muss ich dann selbstverständlich wieder abbauen.

Mauer

Die Mauer wird angelernt wie die Hürde. Da der Hundeführer aber durch die Seitenteile der Mauer beim Anlaufen einen Moment lang für den Hund hinter den Seitenteilen verschwindet, ist es im Aufbau sehr wichtig, dass der Hund vom Übungsleiter immer angezogen, das heißt mit dem Spielzeug gelockt wird. Ab und zu gibt es Hunde, die auf der Mauer abstehen, was dann oft zur Folge hat, dass ein Mauerteil runterfällt. Um das zu unterbinden, muss der Übungsleiter nahe an der Mauer stehen und mit dem Spielzeug nach vorne davonrennen, wenn der Hund über die Mauer geschickt wird. Der Hund beschleunigt, streckt sich und springt über die Mauer, ohne abzustehen.

Weitsprung

Beim Weitsprung muss der Hund, wie der Name schon sagt, in die Weite springen und nicht wie bei der normalen Hürde in die Höhe. Die vier Seitenpfosten dienen dem Hund dazu, den Weitsprung einzuschätzen.
Zum Anlernen nehme ich nur ein Weitsprungteil und die Seitenstangen. Der Hund wird im Abstand von einem Meter vor das Weitsprungteil gesetzt, vom Trainer auf der gegenüberliegenden Seite angelockt und mit dem Kommando des Hundeführers über den Weitsprung geschickt. Als Kommando kann ich ein »Weit« oder ein »Vor« geben. Da für den Hund das Kommando »Weit« noch unbekannt ist, er das »Vor« aber bereits schon kennt, gebe ich als Kommando zu Anfang ein »Vor-Weit«. Später kann ich das »Vor« einfach weglassen, da mein Hund durch die Übung gelernt hat, was mit dem Kommando »Weit« gemeint ist.
Nach und nach wird ein zweites, drittes und viertes Teil beim Weitsprung beigefügt. Zu Anfang lege ich die Teile nahe nebeneinander, doch mit der Zeit werden sie immer weiter auseinandergelegt, bis schließlich die Sprungweite gemäß Reglement erreicht ist

(Small 60 cm, Medium 90 cm und Large 150 cm). Sollte der Hund auf den Weitsprungteilen mit dem Fuß aufsetzen, stelle ich eine Hürde zwischen zwei Weitsprungteile. Der Hund hat nun eher die Optik einer Hürde, was er bereits schon kennt. Wir üben den Weitsprung nun mit der Hürde, nehmen dann irgendwann die Stange weg und lassen nur noch die Ausleger einen Moment stehen. Nach zwei, drei Übungen nehmen wir dann auch die Ausleger weg. Es ist ratsam, den Weitsprung bereits im Aufbau aus verschiedenen Winkeln/von verschiedenen Seiten zu üben, denn auch während eines Parcours kommt der Hund nicht immer in gerader Linie auf den Weitsprung. Ebenfalls lernt er dann sehr schnell, mit der Weite seines Sprunges zu jonglieren, denn wenn er schief über den Weitsprung kommt, ist er länger in der Luft.

Wenn der Hund den Weitsprung beherrscht, rufe ich ihn über das Gerät ab oder sende ihn über das Gerät ohne mitzulaufen. Der Hund soll lernen, seinen Körper auch beim »Gegen-mich-Springen« sowie beim Zurückbleiben des Hundeführers vertrauensvoll zu strecken und ihn fliegen zu lassen.

Kennt der Hund den Weitsprung, ist es wichtig, dass man ihn immer voll ausgezogen trainiert. Oft wird z.B. bei den Large im Training nur auf 120 cm gesprungen. Steht der Weitsprung dann im Turnier auf 150 cm, haben die Hunde Mühe mit der Sprungdistanz.

Reifen oder Pneu

Für das Anlernen des Reifens benutze ich nur noch einen Reifen, der sich öffnet. Die Gefahr einer Verletzung beim falschen Anspringen des Reifens ist damit ausgeschlossen.

Achtung: Stehen Sie nicht frontal vor dem Reifen bzw. vor dem Hund, sondern etwas

seitlich versetzt, damit der Hund auch Platz zum Durchspringen hat. Der Hundeführer lockt den Hund nun mit dem Kommando »Reifen« durch das Gerät. Die Hand des Hundeführers zeigt dabei durch den Reifen und zieht den Hund wie an einer unsichtbaren Leine durch die Öffnung. Falls der Hund neben dem Gerät durchlaufen will, halte ich ihn als Übungsleiter am Halsband und lasse ihn erst los, wenn ich merke, dass er sich auf die Hand des Hundeführers konzentriert und durch den Reifen nach vorne zieht. Wenn das ein paar Mal geklappt hat, stellt sich der Hundeführer auf die Seite des Hundes und startet mit ihm. Der Übungsleiter übernimmt nun das Anziehen (bzw. das Locken) des Hundes. Wir arbeiten uns langsam in die Höhe und machen die Übungen wie immer rechts und links geführt. Vorsicht: Der Übungsleiter soll genau beobachten, wie der Hund springt. Der Hund sollte durch das Zentrum des Reifens springen. Auch bei relativ unerfahrenen Hunden empfiehlt es sich, manchmal beim Reifen schneller in die Höhe zu arbeiten, damit der Hund den Reifen nicht mit dem Rücken berührt. Sobald der Hund den Reifen gut anvisiert, lernen wir das Anlaufen des Reifens aus verschiedenen

1

2

3

Winkeln sowie das Abrufen durch den Reifen. Die Distanz vom Hund zum Reifen wird immer vergrößert, bis der Hund aus ca. zehn Metern Entfernung den Reifen anvisiert und sauber springt. Nun stelle ich dem Hund oft zwei Reifen hintereinander hin (Abstand von einem zum anderen mindestens fünf Meter), damit der Hund sich sehr schnell wieder orientieren kann, um das Zentrum erneut und aus einer anderen Optik zu finden. Ich benutze ganz bewusst ein eigenes Kommando für den Reifen, da das Gerät für den Hund ganz anders aussieht als eine Hürde. Außerdem lernt er so gleich von Anfang an Geräteerkennung.

Tisch

Der Tisch wird heute an einem Turnier nicht mehr oft eingesetzt. Trotzdem muss er natürlich geübt werden. Wir stellen den Tisch auf die unterste Stufe, der Hund wird vor den Tisch gesetzt, der Hundeführer stellt sich auf die gegenüberliegende Seite, beugt sich über den Tisch dem Hund entgegen und lockt ihn mit Futter oder einem Spielzeug auf den Tisch. Ist der Hund hochgesprungen, wird er gelobt und bekommt ein Belohnung. Wer mit dem Spielzeug arbeitet, kann mit dem Hund auf dem Tisch spielen.

Obwohl keine Position mehr verlangt wird,

können wir trotzdem das Steh, Sitz oder Platz auf dem Tisch gleich üben. Ebenfalls wird das Warten geübt. Der Hundeführer läuft um den Tisch herum oder vom Tisch weg, und der Hund bleibt immer in der vorher gewünschten Position.

Um den Tisch zu üben, brauche ich nicht zwingend einen Tisch. Bei einem Spaziergang trifft man regelmäßig auf einen Baumstrunk oder einen großen Stein. Auf diese kann man den Hund mit dem gleichen Kommando wie beim Tisch schicken. Meine Spaziergänge kreuzen oft einen Vita-Parcours. Da findet man an etlichen Posten Übungsobjekte.

Slalom

Wir beginnen mit dem Gassenslalom und den Bögen. Die beiden Slalomteile werden so hingestellt, dass die Distanz dazwischen ca. einen Meter beträgt. Die Bögen werden etwa auf Schulterhöhe des Hundes an den Slalom fixiert. Der Hund wird hingesetzt und der Hundeführer geht durch die Gasse ans Ende des Slaloms. Der Hund wird vom Hundeführer nun mit dem Kommando »Slalom« zu sich gerufen. Der Hundeführer lockt den Hund mit dem Spielzeug oder mit etwas Futter zu sich. Er bewegt sich dabei rückwärts vom Slalomausgang weg und motiviert so den Hund, möglichst schnell durch die Gasse zum Hundeführer zu laufen. Sobald der Hund die Gasse durchlaufen hat, wirft der Hundeführer das Spielzeug weiter in Laufrichtung des Hundes. Es wird kurz mit dem Hund gespielt. Der Hund wird anschließend wieder vor die Gasse gesetzt. Nun läuft der Hundeführer abwechselnd rechts oder links neben dem Slalom mit, und der Hund wird vom Übungsleiter am Ende der Gasse »an-

1

2

gezogen« und zu einem möglichst schnellen Durchlaufen angespornt. Wichtig dabei ist, dass der Hund seinen Blick von Anfang an nach vorne richtet und sich nicht nach seinem Hundeführer umdreht. Also muss die Belohnung am Ende der Gasse groß sein. Die meisten Hunde reagieren gut, wenn man sie mit ihrem Lieblingsspielzeug anlockt und es dann wirft, wenn sie den Slalom beendet haben. Hunde, die weniger interessiert an Spielzeug sind, kann man mit einem besonders guten Leckerchen, zum Beispiel Leberwurst, ködern. Wichtig ist, dass der Hund immer nur belohnt wird, wenn er das Gerät korrekt absolviert hat. Hunde, die außerhalb der Gasse durchrennen, um möglichst schnell an ihre Belohnung zu kommen, lernen so sehr schnell, dass es keine Belohnung für das Umgehen des Gerätes oder für das Unterlaufen der Hilfsbögen gibt. Die Gasse wird nun bei jedem Durchlaufen ein bisschen enger zusammengeschoben, bis der Hund links und rechts mit den Hüften die Stangen leicht berührt. Auf dieser Position bleiben wir nun etwas länger.

Wir üben, die Slalomeingänge aus verschiedenen Winkeln zu suchen. Als weiterer Schritt versuchen wir, den Hund im Slalom zu überholen und, während der Hund durchläuft, auf die andere Seite zu wechseln, sowie ein rasantes Tempo beizubehalten, auch wenn der Übungsleiter oder eine Hilfsperson in der Gegenrichtung am Slalom vorbeirennen. Sobald der Hund den Eingang ohne unsere Hilfe aus allen möglichen Positionen selbständig findet, einfädelt und ans Ende der Gasse läuft, gehen wir zum normalen Slalom mit Bögen über. Der Hund wird nun an der Leine durch den Slalom geführt. Er wird versuchen, die Bögen zu überspringen

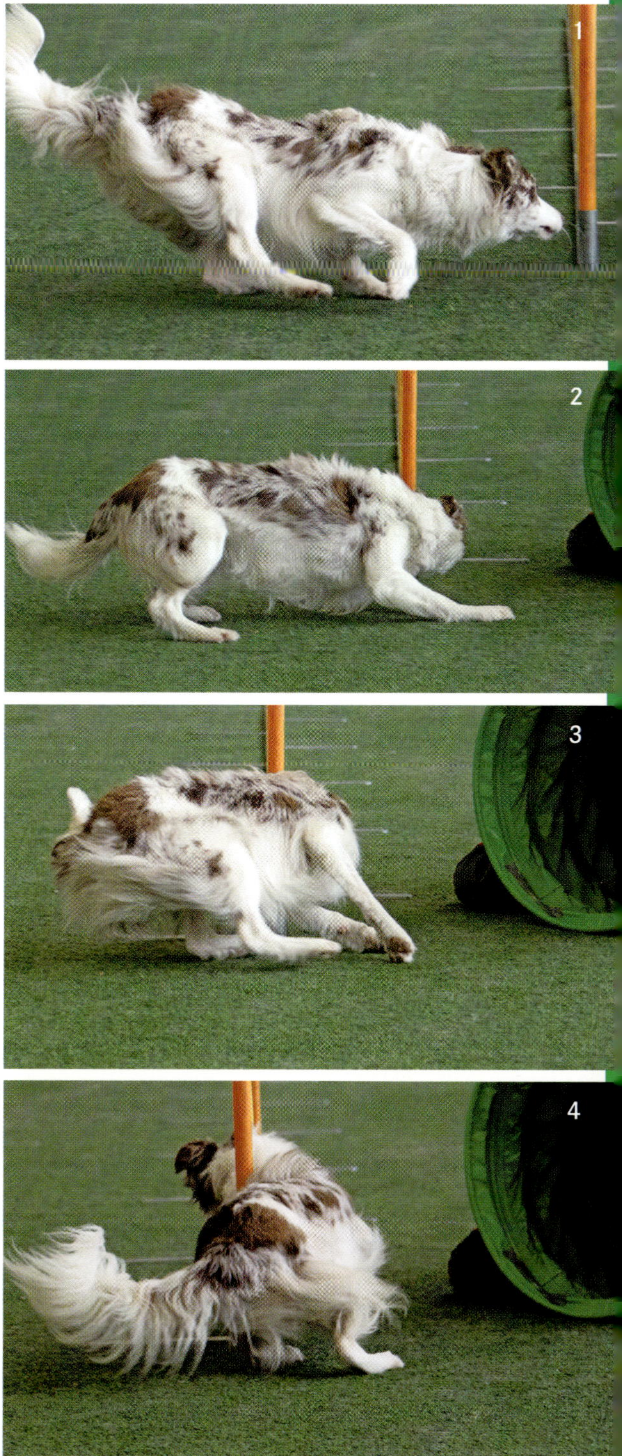

So sieht ein perfektes Endergebnis aus.

Das Spielzeug liegt am Slalomende und der Hundeführer geht in entgegengesetzter Richtung – eine Übung, die Zeit und Geduld erfordert, bis der Hund den Slalom fehlerlos durcharbeitet.

und muss durch die Leine ruhig geführt werden, damit er sein Tempo zurücknimmt und den Slalom dadurch korrekt abarbeiten kann. Am Ende des Slaloms wird er sehr enthusiastisch gelobt und bekommt sein Leckerchen. Wir führen den Hund auf jeder Seite drei bis vier Mal an der Leine durch den Slalom und loben ihn am Ende jedes Mal überschwänglich. Beim Leinenführen stellen wir nun fest, dass wir dem Hund bei jedem Durchgang weniger helfen müssen. Wenn ich die Leine locker halten kann, ohne dass der Hund einen Fehler macht, lasse ich den Hund ohne Leine durchlaufen. Wichtig ist es, die Leine gerade nach oben zu halten, damit sie an keiner Stange hängen bleibt. Es empfiehlt sich, kürzere Stangen zu nehmen, solange man mit der Leine arbeitet. Nach zwei bis drei Übungssequenzen wird der Hund wieder sein Tempo aufnehmen.

Pro Lektion den Hund höchstens fünf mal linksgeführt und fünf mal rechtsgeführt den Slalom machen lassen. Der Slalom wird während des Aufbaus in jeder Lektion eingesetzt. Das heißt, der Hund übt mindestens einmal pro Woche dieses Gerät.

Wenn ich von der Gasse auf den normalen Slalom mit Bögen gehe, nehme ich den Hund während zwei bis drei Lektionen immer beim ersten Slalom an die Leine. Wenn die Leine locker gehalten werden kann und der Hund keinen Fehler macht, sofort ohne Leine laufen lassen. Es braucht etwas Fingerfertigkeit, um die Hunde auch auf hohem Tempo an der Leine sauber durch den Slalom zu führen. Ich mache das in der Regel selbst oder lasse die Hundeführer zuerst mit einem Plüschtier an der Leine üben. Nun werden die Hilfsbögen während jeder Lektion Zentimeter um Zentimeter nach oben geschoben, bis die Bögen

Hilfspersonen stellen sich mit gegrätschten Beinen zwischen die Slalomstangen – ein gut ausgebildeter Hund absolviert mit hohem Tempo trotzdem fehlerlos das Gerät.

schließlich an der obersten Kante der Stangen sind und der Hund gekonnt unten durchläuft. Ab jetzt nehmen wir von der Mitte aus bei jedem Durchgang einen Bogen mehr weg, bis schließlich keine Bögen mehr am Slalom sind und der Hund sicher durchläuft. Nun haben wir einen Hund, der selbständig und sicher aus allen Winkeln den Eingang findet und in einem rasanten Tempo bis ans Ende des Slaloms durchläuft.

Anmerkung: Wir haben immer schnellere Hunde, die oft Mühe haben, ihr Tempo zu regulieren. Wenn der Gassenslalom soweit zusammen ist, dass der Hund mit Schulter und Hüfte die Stangen beim Durchgehen in vollem Tempo berührt, laufen wir Gefahr, dass er sich Verletzungen zufügt, die erst später zu Tage treten. Dadurch, dass ich früher vom Gassenslalom auf den normalen Slalom mit Bögen umsteige, kann ich dieser Verletzungsgefahr entgegenwirken und zudem von Anfang an mit großem Tempo arbeiten. Würde ich sofort auf dem normalen Slalom aufbauen, könnte es sein, dass weniger triebige Hunde nie auf ihr volles Tempo kommen.

Wir bauen auch noch einige Ablenkungen ein. Zum Beispiel:

- zwei Hilfspersonen spielen Ball über den Slalom hinweg, während der Hund den Slalom machen muss,
- wir legen einige Dinge wie Spielzeug, Ball, ein Stück Wurst oder ein sich bewegendes batteriebetriebenes Spielzeug am Slalom entlang hin,
- eine Hilfsperson durchquert den Slalom, während der Hund durchläuft,
- der Hundeführer strauchelt absichtlich, während er am Slalom entlangrennt,
- der Hundeführer läuft neben dem Hund her und lässt das Spielzeug absichtlich herunterfallen,
- während der Hund durchläuft, wird einem anderen Hund das Spielzeug in Richtung des Slaloms geworfen.

Wippe

Beim Aufbau der Wippe ist es wichtig, dass der Hund von Anfang an lernt, freudig nach vorne zu arbeiten. Er soll noch keinen Kipp-Punkt suchen und durch das Kippen der Wippe nicht erschreckt werden. Wir stellen deshalb das Seitenteil eines Sprunges unter den Abgang der Wippe und fixieren es, damit die Wippe völlig blockiert wird. Die Wippe wird mit Sandsäcken befestigt, damit sie sich beim Runterkippen nicht verschiebt. Der Hund wird vom Hundeführer an der Leine auf die Wippe geführt. Er sollte dabei die Leine nahe am Halsband halten, damit der Hund keine Möglichkeit hat abzuspringen. Der Übungsleiter steht am Ende der Wippe und lockt den Hund mit Futter hoch bis auf die äußerste Kante. Der Hund bekommt das Futter erst, wenn er mit den Vorderpfoten ganz vorne steht. Wir lassen ihn zwei, drei Sekunden dort stehen, wobei er gefüttert und gelobt wird. Das Ende der Wippe soll für ihn ein möglichst positiver Punkt werden. Der Hund wird nun vom Hundeführer von der Wippe gehoben und auf den Boden gestellt. Wir machen die Übung gleich noch mal auf der anderen Seite geführt. Die Übung wiederholen wir, bis der Hund freudig und mit Schwung vom Wippenaufgang nach oben zum Übungsleiter läuft. Sobald der Hund uns das Gewünschte zeigt, wird der Sprungflügel unter dem Wippenabgang entfernt. Der Hund wird nun wieder vom Hundeführer an der Leine auf die Wippe geführt. Der Übungsleiter lockt ihn zu sich und hält die Wippe fest, damit sie nicht kippen kann. Wenn der Hund an der Kante vorne angelangt ist, bekommt er Futter. Unter ständiger Verabrei-

Der Übungsleiter lockt den Hund zu sich und ...

chung von Futter und motivierender Stimme des Hundeführers und Übungsleiters wird die Wippe nun langsam gesenkt, bis sie auf dem Boden aufkommt. Bei einem schwereren Hund kann eine Hilfsperson die Wippe am Aufgang abfangen, damit der Übungsleiter nicht das ganze Gewicht tragen muss. Nun ist der Hund bereits so auf die Vorderkante der Wippe fixiert, dass wir ihn ohne Leine arbeiten lassen.

Der Übungsleiter lässt die Wippe nun immer früher ab, ohne sie jedoch unten aufschlagen

... hält die Wippe fest, damit sie nicht kippen kann.

zu lassen. Durch die Bewegung beim Hinauflaufen beginnt der Hund nun automatisch, den Kipp-Punkt zu suchen. Der Hundeführer kann nun bereits mit mehr Anlauf auf die Wippe zulaufen, sowie Wechsel aufbauen. Der Übungsleiter steht nach wie vor immer am Abgang der Wippe und ist dafür verantwortlich, dass sie nicht herunterknallt. Die Position des Hundes auf der Wippe ist ein »Steh« oder ein »Platz«, je nach dem, was er uns anbietet. Größere Hunde verlieren zu viel Zeit, wenn sie Platz machen müssen. Hütehunde bieten oft von selbst ein Platz an, da sie sich in dieser Position sehr gut ausbalancieren können. Wichtig ist aber, dass der Hund lernt, mit allen vier Pfoten auf der Wippe zu bleiben, bis sie ganz auf dem Boden ist. Achtung: Keine Position nach der Wippe verlangen. Wenn der Hund mal zu nahe an der Wippe steht und diese bereits wieder zurück in ihre Grundposition kippt, könnte er am Hinterteil geschubst werden, was dann oft ein panikartiges Verlassen der Wippe nach sich zieht. Wir üben bereits in der Aufbauphase die Wechsel hinter der Wippe sowie nach der Wippe. Der Hund soll lernen,

Der Übungsleiter lässt die Wippe immer früher ab. Durch die Bewegung beim Hinauflaufen beginnt der Hund nun automatisch, seinen Kipp-Punkt zu suchen. Der Übungsleiter steht nach wie vor immer am Abgang der Wippe und ist dafür verantwortlich, dass sie nicht herunterknallt.

die Wippe erst auf ein Kommando vom Hundeführer zu verlassen. Wenn der Hund sich sicher auf der Wippe ausbalanciert, seinen eigenen Kipp-Punkt sucht und am Ende wartet, kann der Übungsleiter die Wippe noch einige Lektionen beim Aufgang festhalten, damit sie nicht herunterknallt. Sobald der Übungsleiter sicher ist, dass der Hund die Wippe selbständig bewältigen kann, braucht er nicht mehr zu helfen. Es empfiehlt sich, bei Hunden, die eher ängstlich sind, die Wippe am Ende jeder Lektion wieder durch den Übungsleiter fixieren zu lassen und den Hund zwei, drei Male mit Futter hochzuziehen. So geht der Hund nach jedem Training mit einer positiven Erfahrung für die Wippe nach Hause.

Die Wippe steht bei uns nie ungesichert auf dem Platz. Das heißt, wenn wir die Wippe im Training nicht benötigen, sie aber trotzdem auf dem Platz steht, wird sie mit einem Sprungflügel blockiert, damit sie nicht kippen kann. Rennt nun ein Hund ohne unseren Befehl auf die Wippe, kann er nicht unerwartet herunterkippen und sich erschrecken. Ein unbeaufsichtigtes Laufen über die Wippe hat oft zur Folge, dass wir über Monate wieder am Aufbau der Wippe arbeiten müssen, weil sich der Hund durch das plötzliche Wegkippen fürchterlich erschrocken hat.

Laufsteg

In den ersten zwei bis drei Aufbautrainings stellen wir den Hund nur auf den Laufstegabgang. Zwei Pfoten sind noch auf dem Laufsteg und zwei Pfoten sind bereits auf dem Boden nach dem Laufsteg. Wir geben ihm dabei ein beruhigendes »Steh« oder »Stopp«. Warum zwei Pfoten darauf und zwei Pfoten bereits dahinter? So kann der Hund sich merken,

In den ersten Aufbautrainings für den Laufsteg stellen wir den Junghund nur auf den Laufstegabgang und belohnen ihn von vorne, damit er ruhig in dieser Position stehen bleibt.

wann das Gerät zu Ende ist, egal was für ein Untergrund nach dem Gerät kommt. Er kann erkennen, dass er das Ende des Hindernisses erreicht hat, wenn er mit zwei Pfoten auf anderem Grundmaterial steht, als er vom Laufsteg gewöhnt ist. Wir stellen den Hund also ans Ende des Stegabganges, das Target auf dem Boden vor ihm, füttern ihn und lassen ihn warten. Wir legen ein Stück Futter nach dem anderen vor ihm auf den Boden. Wenn er nur unsere Hand anstatt das Target auf dem Boden anschaut, werfen wir ihm das Futter ganz einfach vor die Füße, so dass er aber immer in seiner Position stehen bleiben kann und nicht dem Futter hinterherlaufen muss. Der Hundeführer bewegt sich dabei vom Steg weg, zum Steg hin, nach hinten weg, seitlich weg. Wenn der Hund entspannt und schön stehen bleibt, stellt sich der Hundeführer auf seine Seite, gibt ihm ein Auflösekommando wie zum Beispiel »Gut«, läuft mit dem Hund ein paar Schritte vom Laufsteg weg, lobt ihn und gibt ihm noch ein Stück Futter aus der Hand. So lernt der Hund, dass es auch vom Hundeführer noch Futter gibt und bleibt somit nicht beim Abgang stehen, um Futter zu suchen.

Wenn das unten am Steg gut klappt, heben wir den Hund etwas höher auf den Laufsteg, lassen ihn zum Ende herunterlaufen und wiederholen die Abgang-Warte-Übung. Wir heben ihn nun wieder hoch und wiederholen die Übung x-mal. Jetzt weiß der Hund bereits, dass er am Abgang warten soll, und dass ihn dort Futter erwartet. Wir begeben uns mit dem angeleinten Hund zum Aufgang

Aufbau Laufsteg: Wenn der Hund am Ende des Abgangs ruhig steht, sich entspannt und sich auf den Hundeführer konzentriert, wird das Target abgebaut und am Ende ganz weggelassen. Beim weiteren Training variieren wir: Einmal liegt Futter da, ein anderes mal keins.

des Steges und führen ihn an der Leine über den Steg. Der Hund, der nun weiß, dass am Abgang ein Stück Futter auf ihn wartet, wird so schnell wie möglich auf die Abgangsseite des Laufsteges laufen und dort sein Futter aufnehmen. Sobald wir merken, dass der Hund sich zielstrebig vom Aufgang zum Abgang bewegt, lassen wir ihn ohne Leine über den Laufsteg rennen. Der Hundeführer läuft abwechselnd rechts oder links mit. Der Übungsleiter wartet auf der Abgangsseite, damit er eventuell Hilfestellung geben kann, falls der Hund zurück zum Hundeführer schaut und nicht nach vorne zur Belohnung. Um dem Hund das sichere Stehen auf der schmalen Laufstegplanke zu erleichtern, stellen wir ihm links und rechts vom Abgang je einen Hürdenausleger hin. So läuft der Hund wie in einen Kanal und kann sich besser ausbalancieren. Der Hund wird jedes Mal durch Futter auf dem Target am Boden belohnt, mit dem Kommando »Steh« oder »Stopp« angehalten und mit einem Auflösekommando zum Weiterlaufen bewogen.

Wenn wir feststellen, dass der Hund am Ende des Abgangs ruhig steht, sich entspannt und auf den Hundeführer konzentriert, beginnen wir, das Target abzubauen. Wir nehmen ein immer kleineres Target und lassen es am Ende ganz weg. Beim weiteren Training variieren wir jeweils. Einmal liegt Futter da, ein anderes mal keins. Der Hund darf nun auf unser Kommando auch mal durchlaufen ohne anzuhalten. Wichtig ist aber, dass er beim letzten Durchgang im jeweiligen Training wieder warten muss und auch Futter bekommt. So geht er immer mit einem sauberen Abgang vom Platz. Meine Hunde bekommen auch noch Futter vom Target, wenn sie bereits in A3 laufen. So wird der Bewegungsablauf des Hundes immer wieder gefestigt. Mit den Positionen beim Steg halte ich es wie bei der Wippe. Der Hund kann stehen oder liegen. Ich übernehme von ihm die Position, die er mir freiwillig anbietet. Wie finden Sie heraus, welche Position der Hund anbietet? Beobachten Sie ihn auf dem Spaziergang und wenn er mit anderen Hunden herumtollt, dann werden Sie es erkennen.

Wand (A-Wand)

Die Wand wird nicht speziell geübt. Sobald der Hund mir zeigt, dass er den Laufsteg selbständig und sauber arbeiten kann, beginne ich mit der Wand. Diese stelle ich bei den ersten Übungen ungefähr auf 1,5 Meter, gehe jedoch sehr schnell auf die Wettkampfhöhe von 1,7 Meter. Da der Hund beim Laufsteg gelernt hat, sich auf einer schmalen Planke von A nach B zu bewegen und dort anzuhalten bis er ein Auflösekommando bekommt, wird er die Wand in der Mitte hochlaufen, in der Mitte herunterlaufen und sich auf das unten bereitgelegte Target konzentrieren.

VII. TRAININGSSEQUENZEN

REGULA TSCHANZ-HAAS

Voran oder Vor

Das »Voran« ist eines der wichtigsten Kommandos. Auf das Kommando »Voran« des Hundeführers sollte der Hund sich in gerader Linie nach vorne vom Hundeführer weg bewegen.

Wie baue ich ein sauberes »Voran«, »Vor« auf? Ich brauche ein Hilfsmittel wie zum Beispiel ein Target, ein Spielzeug oder eine Futterschüssel. In der Regel bevorzuge ich eine Futterschüssel, die recht groß ist, damit sie der Hund gut sehen kann. Zu Anfang übe ich in einem Hausgang (Korridor), da der Hund so nicht nach rechts oder links abweichen kann. Die Futterschüssel stelle ich auf den Boden, zeige sie dem Hund und gehe dann mit dem Hund etwa 5 Meter zurück.
Ich halte ihn am Halsband fest, zeige an seinem Kopf entlang auf das Hilfsmittel und sage dabei immer wieder »Vor, Vor, Vor«. Nun lasse ich den Hund los und er läuft gerade-

wegs auf die Futterschüssel zu und kann sich als Belohnung das »Leckerchen« holen. Diese Übung kann ich bereits bei jeder Fütterung mit dem Welpen machen. Die Distanz zur Futterschüssel wird jedes Mal vergrößert. Aber aufgepasst, nicht zu große Distanzverlängerungen auf einmal machen. Je kleinere Schritte wir im Aufbau haben, umso weniger Fehler kann der Hund machen. Er soll lernen, dass das »Vor« etwas Positives ist. Wenn das Ganze zu Hause im Hausgang gut klappt, gehe ich nach draußen und übe das »Vor« wo immer ich Zeit finde. Ein Sportplatz eignet sich bestens dazu, da wir dort auf große Distanzen üben können. Dann beginne ich, die Art der Belohnung abzuwechseln. Es wird entweder das Lieblingsspielzeug hingelegt, ein Target, das er berühren kann, oder ich übe mit einem anderen Hundeführer, der dem Hund ein »Leckerchen« oder den Ball gibt. Das »Vor« soll auch klappen, wenn der Hundeführer seitlich vom Hund oder seitlich versetzt vor dem Hund ist. Der Hund sollte immer das Objekt (zum Beispiel Spielzeug oder später das Gerät) anlaufen, auf das wir ihn ausgerichtet haben.

»Voran«-Übung 1

Wir haben eine Gerade mit fünf Hürden. Der Übungsleiter steht hinter der fünften Hürde und lockt den Hund mit seinem Spielzeug. Der Hundeführer läuft seitlich neben den Hürden parellel zum Hund. Wir machen das zwei bis drei Mal, bis der Hund auf direktem Weg nach vorne springt. Nun geht der Übungsleiter zur Seite und hilft nicht mehr. Falls der Hund ohne Hilfe nicht nach vorne zieht, können wir als Hundeführer einen kleinen Trick anwenden. Wir stellen uns etwa 10 Meter seitlich neben die erste Hürde, geben dem Hund das »Vor«-Kommando und laufen gleichzeitig mit ihm los. Der Hund soll geradeaus über die Hürden springen. Der Hundeführer rennt seitwärts zum Hund keilförmig immer in Richtung der fünften Hürde. So wird der Hund, der im Begriff ist, seine Linie zu verlassen, immer wieder zurück auf die Linie geschoben. Je öfter wir das »Vor« üben, umso eher können wir das keilförmige Laufen abbauen, weil der Hund begriffen hat, dass das »Vor« für ihn bedeutet, das nächstfolgende Gerät, das in gerader Linie vor ihm steht, anzugehen. Siehe Skizze nächste Seite.

Das »Vor« kann sehr gut unterwegs geübt werden.

Der Hund springt auf direktem Weg nach vorne.

Der Blick des Hundes ist in jeder Sprungphase nach vorne gerichtet.

»Voran«-Übung 1

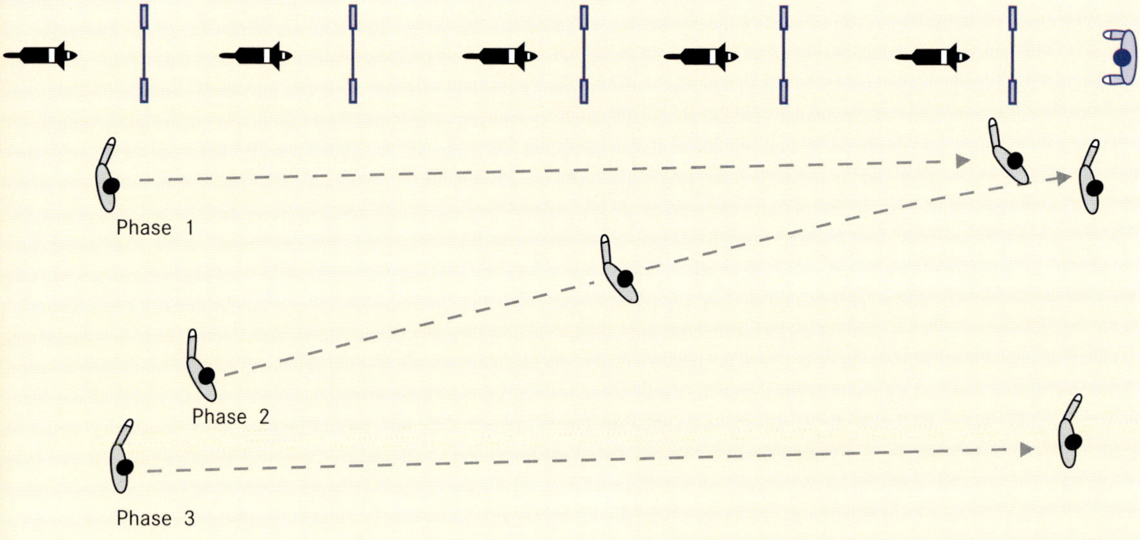

Übungsphase 1: Der HF läuft parallel zum Hund neben den Sprüngen mit. Die HP zieht den Hund an.
Übungsphase 2: Der HF läuft keilförmig vom ersten zum fünften Sprung. Die HP ruft den Hund.
Übungsphase 3: Der HF läuft parallel zum Hund, aber seitlich versetzt neben den Sprüngen. Die HP ruft den Hund.
HF=Hundeführer, HP=Hilfsperson

»Voran«-Übung 2

Vorübungen aus allen Positionen auch mit anderen Geräten zwischen Hund und Hundeführer.

»Vor« beim Tunnel oder Sack: Sobald der Hund den Tunnel betritt oder noch im festen Teil des Sacktunnels ist, erhält er das Kommando »Vor«. Der Hund soll nun lernen, dass er beim Verlassen des Tunnels nicht den Blickkontakt zum Hundeführer sucht (dies wäre ein natürliches Verhalten), sondern sich auf das Gerät fixieren soll, welches er im Tunnel bereits sehen kann. Dies ist vor allem auch beim Sack wichtig, weil der Hund bei Ertönen dieses Kommandos bedingungslos gerade aus dem Sack kommen und nicht dem Hundeführer vor die Füße laufen soll.

Beim »Voran« soll sich der Hund auf das nächste vor ihm stehende Gerät konzentrieren.

»Voran«-Übung 2

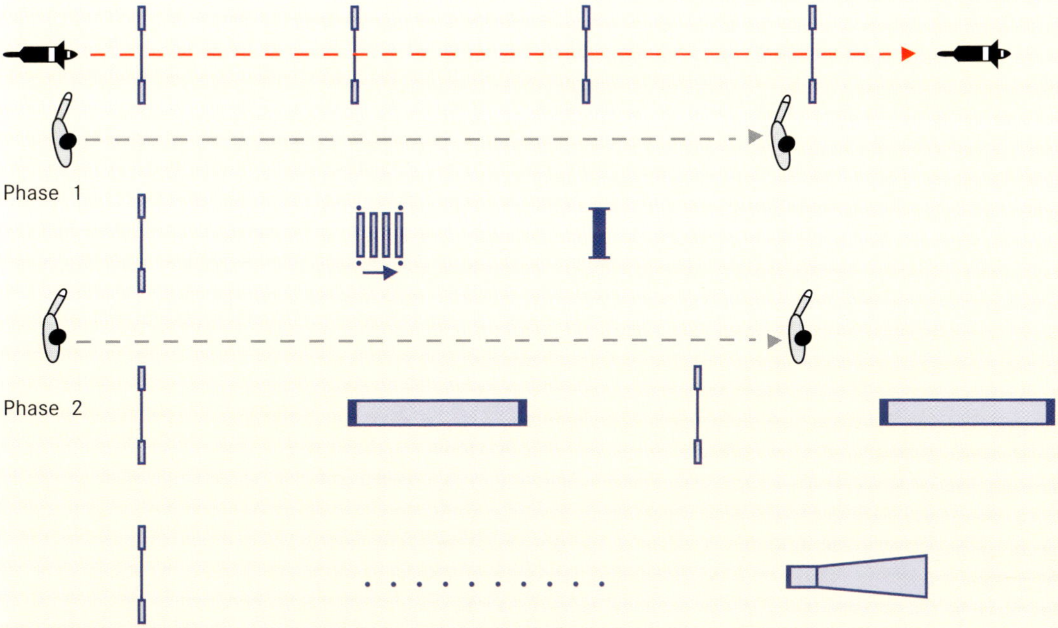

Übung 1: Der Hund macht die erste Sprungreihe und der HF läuft mit.
Übung 2: Der HF läuft zwischen der zweiten und dritten Reihe, der Hund absolviert aber die Sprungreihe.
Übubg 3: Der HF läuft zwischen der dritten und vierten Reihe, der Hund arbeitet die zweite Reihe.
Übung 4. Der HF läuft neben der vierten Reihe, der Hund arbeitet die dritte Reihe.
Übung 5: Der HF läuft zwischen der zweiten und dritten Reihe durch, der Hund arbeitet die vierte Reihe.
usw. usw.

Belgier/Frontwechsel

Der Frontwechsel ist, wie das Wort schon sagt, ein Wechsel vor dem Hund. Der Hund wird zum Beispiel rechterhand über eine Hürdenkombination von drei in einer Kurve (90°) gestellten Hürden geführt und linkerhand wieder übernommen. Dabei dreht sich der Hundeführer so, dass er den Hund während seiner Drehung immer im Auge hat.

Am einfachsten für Hund und Hundeführer übt man das zuerst mit dem Tunnel (siehe linke Zeichnung). Wir stellen einen Tunnel in U-Form hin. Wir stehen vor dem Tunnel so, dass beide Tunnellöcher in unsere Richtung zeigen. Der Hund wird aus unserem Blickwinkel vor dem rechten Tunneleingang positioniert. Der Hundeführer steht links vom Hund, also zwischen den zwei Tunneleingängen. Der Hund wird nun mit der rechten Hand in den Tunnel geschickt. Der Hundeführer, der mit seiner Frontseite gegen den Tunnel steht, läuft auf die gegenüberliegende Ausgangsseite des Tunnels und macht während des Laufens eine halbe Drehung nach rechts, wobei er den Tunnel nie aus den Augen lässt, und übernimmt den Hund links vom Ausgang mit dem Rücken gegen den Tunnel stehend auf der linken Hand. Dem Hund wird sofort das Spielzeug als Belohnung geworfen, und er läuft dem Spielzeug hinterher. Geübt wird das Ganze selbstverständlich auch spiegelverkehrt, also von links nach rechts.

Da der Hundeführer nun die richtige Drehung verstanden hat, üben wir den Frontwechsel auch mit Hürdenkombinationen. Wir nehmen dazu drei Hürden und stellen sie im Halbkreis auf. Von einer Hürde zur anderen ist ein Winkel von 90°. Der Hundeführer schickt den Hund über die erste Hürde, gibt ihm das Kommando für die zweite und dritte Hürde, läuft zur dritten Hürde und macht während des Laufens eine halbe Drehung gegen den Hund und nimmt ihn auf der Außenseite der dritten Hürde wieder entgegen. Sobald ich als Hundeführer wahrnehme, dass der Hund die erste Hürde anpeilt und mit der Einleitung (Sprung) beginnt, beginne ich mit

Belgier/Frontwechsel, Übungsskizze 1

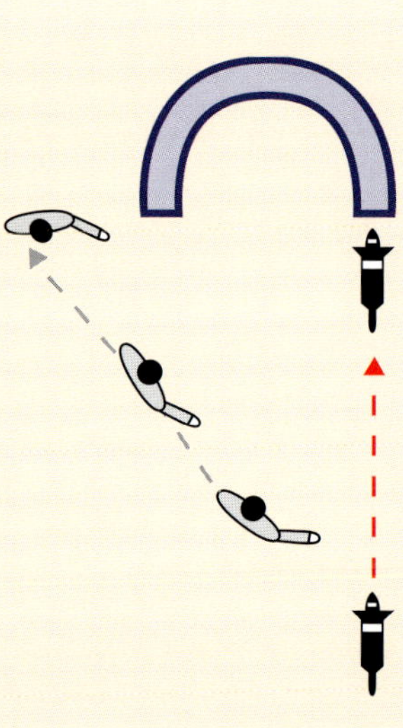

Übungsskizze 2

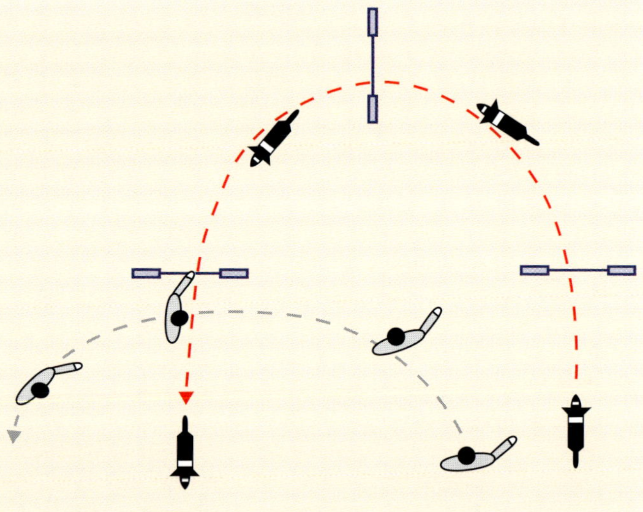

meiner Drehung. Während der Drehung sehe ich den Hund immer an. Die Führhand (die Hand, die näher beim Hund ist) bleibt etwa auf Schulterhöhe ausgestreckt und zeigt auf das Gerät, welches der Hund springen soll. Sobald ich merke, dass die zweite Hürde vom Hund angepeilt und angesprungen wird, wechsle ich meine Hand und leite den Hund weiter auf die dritte Hürde.

Wenn das Timing des Hundeführers perfekt ist, springt der Hund die mittlere Hürde nahe am Ausleger auf der Halbkreisinnenseite. Wenn der Hundeführer mit seiner Drehung zu spät ist, springt der Hund die Hürde auf der Außenseite oder umläuft sogar die dritte Hürde.

Achtung: Immer gut (mit genügend Abstand) auf die Außenseite der letzten Hürde laufen, damit man dem Hund bei seiner Landung nicht im Weg steht.

»Frontwechsel« können vielfach eingesetzt werden:

- bei Hürdenkombinationen
- vor oder nach den Zonen
- vor oder nach dem Slalom usw.

Mit dem Frontwechsel bin ich immer vor dem Hund und kann ihn so viel eher wieder in die gewünschte Richtung leiten. Der Frontwechsel eignet sich für langsamere oder unmotivierte Hunde, um sie zu ziehen und zu motivieren, dem Hundeführer schneller nachzulaufen. Schnelle Hunde kann ich so immer wieder aufnehmen, auf die Linie zum nächsten Gerät ausrichten, losschicken und mich wieder am nächsten wichtigen Punkt positionieren. Wer »Links- und Rechts«-Kommandos beherrscht, hat es im Aufbau etwas leichter, da der Hund eventuelle Fehler in der Körperhaltung verzeiht und nach dem Richtungskommando dreht. Wenn man aber die Körperbewegung gut und gezielt einsetzt, braucht der Hund beim Frontwechsel nicht unbedingt Richtungskommandos. Es funktioniert auch bestens mit einem Aufmerksamkeitskommando wie zum Beispiel »Hier«. Niemals aber sollte man vergessen, dass unser Körper in der Regel mehr ausdrückt als ein Kommando. Der Hund wird also eher auf ein Körperkommando als auf ein Hörzeichen reagieren. Wenn er mal zu früh reinzieht und so den Sprung nicht mehr springt, war das Körperzeichen des Hundeführers bestimmt nicht eindeutig klar für den Hund.

Belgier/Frontwechsel am richtigen Ort: Der Hund springt ganz eng am Ausleger.

Blinder Wechsel, Franzose oder Japaner

Der »blinde Wechsel« ist wie der »Frontwechsel« ein Wechsel vor dem Hund. Während man aber beim »Frontwechsel« den Hund nie aus den Augen verliert, hat man beim »blinden Wechsel« den Hund kurz hinter dem Rücken. Auch den »blinden Wechsel« übt man am besten mit dem Tunnel. Wir stellen uns einen Tunnel in U-Form hin. Beide Tunnelöffnungen zeigen in unsere Richtung. Rechts und links vom Tunnel stellen wir je eine Hürde hin. Die Distanz zwischen Tunnelausgang und Ausleger beträgt etwa einen Meter. Wir setzen den Hund vor den linken Tunneleingang und stellen uns rechts neben den Hund. Der Hund wird nun in den Tunnel geschickt. Sobald wir sehen, dass er den Tunneleingang sauber anzieht, rennen wir Richtung Tunnelausgang los. Wir laufen rechts am rechten Tunnelausgang vorbei.

Der Hund, der im Tunnel ist und nun aus der Biegung heraus gegen den Tunnelausgang sieht, stellt fest, dass wir vor dem Tunnelausgang durchlaufen und weiß deshalb schon, dass er nach dem Tunnel nach rechts drehen soll. Sobald der Hund herauskommt, stehen wir schon rechts vom Tunnelausgang, übernehmen den Hund auf der rechten Hand und schicken ihn über die Hürde. Während der ganzen Übung schauen wir immer vorwärts. Bis wir auf der rechten Tunnelausgangsseite sind, sehen wir Hund und Tunnel auf unserer linken, nach dem Tunnelausgang auf unserer rechten Seite.

Alles was wir also tun, ist den Kopf von der linken Seite auf die rechte Seite zu drehen. Sobald der Hund aus dem Tunnel kommt, haben wir ihn kurz im Rücken. Weil wir ihn jedoch anrufen und mit der rechten Hand ein Sichtzeichen geben, weiß er, dass er uns auf unserer rechten Körperseite folgen soll. Die gleiche Übung wird auch spiegelverkehrt ausgeführt.

Den »blinden Wechsel« können wir auf Hürdenkombinationen üben. Wir üben an vier Hürden. Wir stellen drei Hürden in einem Halbkreis mit je einem 90°-Winkel hin. Die vierte Hürde in einem 90°-Winkel rechts nach der dritten Hürde. Wir setzen den Hund vor die erste Hürde ganz links und stellen uns rechts von ihm in Startposition. Wir schicken den Hund geradeaus über die erste Hürde und nach rechts über die zweite Hürde. Die Handzeichen erfolgen mit der linken Hand. Sobald der Hund die zweite Hürde anzieht, laufen wir von der rechten Auslegerseite der zweiten Hürde auf die linke Auslegerseite der dritten Hürde, nehmen die linke Hand runter und wechseln blitzschnell auf die rechte Hand. Wir laufen dabei immer in der gleichen Richtung weiter. Der Hund befindet sich in dem Moment über der zweiten Hürde in unserem Rücken und landet nach der zweiten Hürde auf unserer rechten Seite. Wir führen ihn mit der rechten Hand über die dritte und vierte Hürde.

Wichtig ist, dass wir uns wirklich direkt auf die linke Seite der dritten Hürde hinbewegen. Wenn wir uns auf die linke Seite der zweiten Hürde hinbewegen, hat der Hund keinen Platz für die Landung und wird die Stange runterwerfen.

Bei »blinden Wechseln« sind deutliche Handzeichen für den Hund ausgesprochen wichtig. Der Hund soll schnellstmöglich darüber informiert werden, auf welcher Körperseite seines Hundeführers er weiterlaufen muss. Ein deutliches Handzeichen kann auch ein Klopfen auf das Bein auf der Seite, wo er

Blinder Wechsel, Franzose oder Japaner, Übungsskizze 1

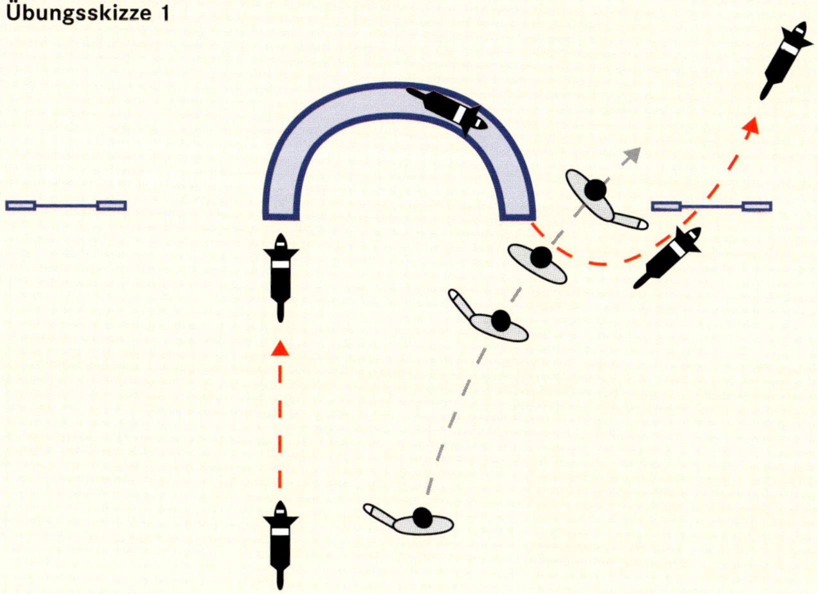

Übungsskizze 2

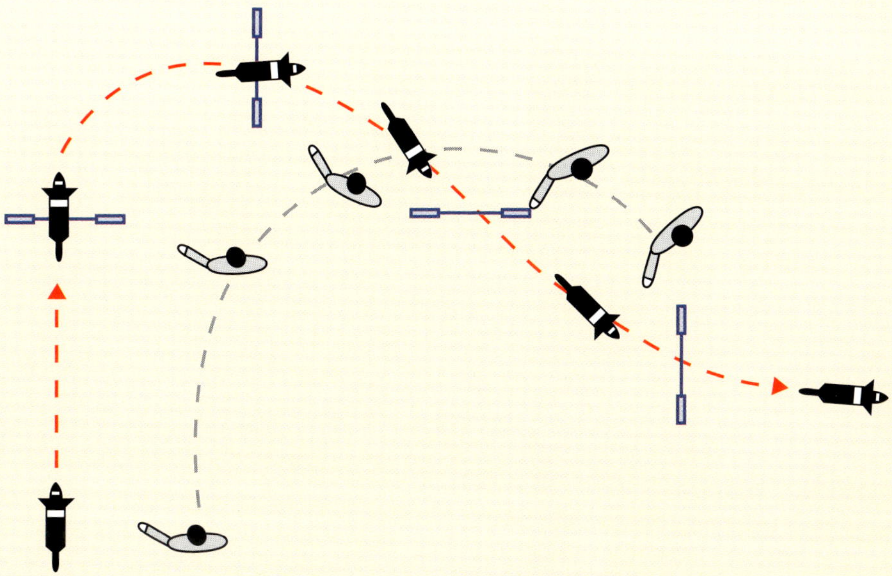

hinlaufen soll, sein. Dies ist aber weniger ersichtlich für den Hund wie der Arm, der nach hinten ausgestreckt ist.

»Blinde Wechsel« werden nicht anstelle von »Frontwechseln« genutzt. Ein »blinder Wechsel« ist optimal eingesetzt, wenn ich aus einer Kurve herauslaufen und in entgegengesetzter Richtung weiterlaufen soll – also eigentlich in die Kurve reinziehe und mich von der Kurve mittreiben lasse. Mit einem »Frontwechsel« arbeite ich gegen die Kurve und mache sie enger.

Ein »blinder Wechsel« kann bei jedem Gerät eingesetzt werden, wenn die dadurch angezeigte Richtungsänderung sinnvoll ist. Nach Kontaktzonen kann man sie allerdings nur einsetzen, wenn man sicher ist, dass der Hund die Zonen auch hinter unserem Rücken korrekt arbeitet. »Blinde Wechsel« eignen sich auch für Hunde, die nicht so motiviert sind oder für Hunde, die das Tempo zurücknehmen, wenn sie gegen den Hundeführer springen müssen.
Da die Hunde beim »blinden Wechsel« den Rücken des Hundeführers sehen und der dadurch unmissverständlich davonläuft, animiert es solche Hunde, dem Hundeführer schneller nachzulaufen.

Wichtig: Bewegen Sie sich bei den »Frontwechseln« oder »blinden Wechseln« immer in Richtung des nachfolgenden Gerätes (siehe Fotos links).

»Engländer« (angedeutete Drehung)

Ein »Engländer« ist eine angedeutete Drehung mit der Front zum Hund und gleichzeitigem Weiterlaufen in die Richtung des zu absolvierenden Gerätes. Der Hund wird dadurch von seiner eingeschlagenen Richtung auf den Hundeführer aufmerksam gemacht und von seiner Linie auf die optimale Linie für das nachfolgend zu absolvierende Gerät ausgerichtet. Der Hund kommt zum Beispiel aus dem Tunnel und hat in gerader Richtung davor die Schrägwand, sollte aber in den Sacktunnel, der links parallel zur Wand steht. Der Hundeführer hat den Hund auf seiner rechten Seite beim Tunnelausgang. Er dreht ganz kurz mit der Brust gegen den Hund, ruft ihn mit der rechten Hand an und läuft aber immer weiter in Richtung linker Außenseite des Sacktunnels, damit er dem Hund die Sicht auf den Sacktunnel nicht nimmt. Der Hund sieht die Drehung des Hundeführers und denkt, dass dieser die Richtung wechseln wird. Er dreht sich also gegen den Hundeführer und verlässt damit die direkte Linie Tunnel – Wand. Sobald der Hund auf die Linie Tunnel – Sacktunnel kommt, dreht sich der Hundeführer wieder Richtung Sack und schickt den Hund mit der rechten Hand hinein. Durch die stetige Bewegung des Hundeführers in Richtung des Sackes auch während der angedeuteten Drehung, treffen Hundeführer und Hund gleichzeitig vor dem Sacktunnel ein.

> Wichtig beim »Engländer« ist die stetige Vorwärtsbewegung des Hundeführers auch während der angedeuteten Drehung zum nachfolgenden Gerät.

Man bewegt sich dabei leicht seitlich/rückwärts. Diese halbe Drehung mit dem Oberkörper und dem Seitlich-/Rückwärts-Laufen muss geübt werden. Es muss dabei darauf geachtet werden, dass wir nur auf den Fußballen laufen. Wenn man zu stark auf den Fersen läuft, kommt man nicht vom Fleck. Also nur auf dem Vorderfuß laufen und nicht zu große Schritte machen. Die Bewegung kann ich beim Spaziergang mit dem Hund üben. Ich stehe zum Beispiel zwanzig Meter vor dem Hund, drehe ihm den Rücken zu und schaue ihn über meine Schulter an. Ich laufe los und strecke die rechte Hand aus, damit

Übung: Welle mit Engländer

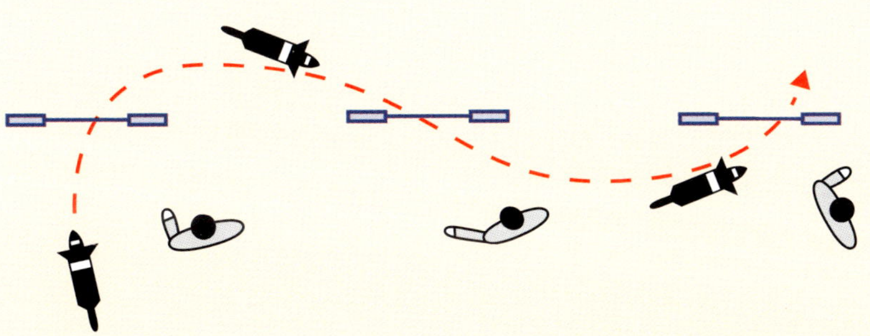

Welle mit Reifen (Pneu)

er weiß, dass er auf meine rechte Seite kommen darf und rufe ihn zu mir. Wenn er etwa zehn Meter hinter mir ist, drehe ich meinen Oberkörper gegen ihn, linke Schulter nach rechts drehen und dem Hund die Front zeigen. Mit der Drehung nach rechts schwenkt meine Hand automatisch auch nach rechts. Der Hund folgt der Hand und versetzt sich parallel ca. um zwei Meter. Ich laufe beim Drehen kurz rückwärts und verschiebe mich auch zwei Meter zur Seite, drehe mich nun wieder nach links und nehme den Hund auf der rechten Hand entgegen. Sobald er an meiner Seite ist, werfe ich ihm das Spielzeug an meiner rechten Körperseite entlang nach vorne zur Bestätigung für seine korrekte Arbeit. Damit ich nicht über meine eigenen Füße falle, beginne ich die Drehung auf dem inneren Fuß und beende sie auch auf diesem Fuß. Da wir alle eine Seite haben, die uns besser liegt, und eine, die uns weniger liegt, ist es klar, dass die Drehung auf beiden Seiten geübt wird und zwar mit Schwerpunkt auf unserer schlechteren Seite. Die Bewegung soll so lange geübt werden, bis man sie ganz automatisch einleiten und ausführen kann. Beim Parcourslaufen mit dem Hund haben Sie keine Zeit mehr, auf die Füße zu achten. Die Bewegung soll einfach automatisch ablaufen.

»Rum« oder »Change«

Mit dem »Rum« animiert man den Hund dazu, sich von der einen Körperseite des Hundeführers hinter dem Rücken durch auf die andere Körperseite zu bewegen, wo der Hundeführer ihn dann wieder aufnimmt und weiterführt. Im Parcours gibt es zwei Situationen, in denen das »Rum« angewendet werden kann. Für den Hund bleibt es die gleiche Bewegung, wird aber verschieden eingeleitet.

Situation 1

Der Parcours beinhaltet eine schnelle Gerade mit einer 180°-Drehung. Der Hund soll möglichst eng drehen, was aber nicht so einfach ist, da er ja aus der Geraden mit sehr viel Geschwindigkeit kommt. Damit der Hund trotzdem sehr kurz wendet, setzen wir hier unser »Rum«-Kommando ein.

Beispiel: Wir stellen drei Hürden in einer Geraden auf, parallel dazu noch drei weitere. Nach der dritten Hürde stellen wir den Tunnel in U-Form. Die beiden Tunnelausgänge sind jeweils auf die dritte Hürde der beiden Geraden ausgerichtet. Wir setzen den Hund hinter die erste Hürde der rechten Geraden. Er sieht drei Hürden und den rechten Eingang des Tunnels. Wir stellen uns parallel zum Hund außerhalb der Ausleger zwischen der ersten und zweiten Hürde, rufen ihn und laufen mit ihm los. Die rechte Hand weist ihm den Weg. Wir schicken ihn über die erste, die zweite und dann über die dritte Hürde. Sobald wir feststellen, das er die dritte Hürde springen wird, drehen wir die linke Schulter gegen ihn und schicken ihn mit der linken Hand über die Hürde. Wir stehen nun mit dem Rücken gegen die dritte Hürde, drehen den Kopf blitzschnell auf die rechte Seite und übernehmen den Hund, der nun von hinten kommt, mit der rechten Hand auf unserer rechten Seite und schicken ihn über die Hürden vier bis sechs wieder voran. Auf der Geraden von Hürde eins bis drei denkt der Hund die ganze Zeit, das es weiter in den Tunnel gehen wird. Durch unsere abrupte Drehung in die Gegenrichtung bringen wir ihn aber dazu, von seinem Vorhaben abzusehen und uns auf kürzester Linie zu folgen. Wichtig ist, das der Hund die Gegendrehung vor der dritten Hürde in dem Moment mitbekommt, wo er sich für den Absprung bereit macht. Das heißt, in dem Moment, in dem er einteilt, wie weit er nach der Hürde springen wird. Sind wir zu spät mit der Einleitung der Drehung, wird der Hund trotzdem weit springen, weil er seinen Absprungradius schon eingeteilt hat. Ist er schon abgesprungen, kann nur ein sehr routinierter Hund seinen Absprungwinkel noch verkürzen. Sind wir jedoch zu früh mit der Drehung, ziehen wir den Hund von der dritten Hürde weg. Diese Art des »Rum« wird immer eingesetzt, wenn wir eine 180°-Drehung im Parcours haben.

Situation 2

Während des Parcoursverlaufs kann es sein, dass der Hundeführer nicht vor den Hund kommt, um einen Wechsel einzuleiten. Der Hund sollte über eine Hürde und gleich wieder um 180° in die andere Richtung laufen, wobei er an einem Gerät vorbeigesteuert werden muss, das er nicht wählen soll.

Beispiel: Wir haben zwei Hürden in gerader Richtung, links von der zweiten Hürde eine dritte Hürde, die parallel zur zweiten in gerader Richtung auf den Slalom führt. Auf der linken Seite der dritten Hürde seitlich um einen Meter verschoben noch die Wippe. Der Aufgang der Wippe ist vom Hund ersichtlich, sobald er nach der dritten Hürde landet (siehe Skizze unten). Der Hund wird bei der ersten Hürde auf der rechten Seite des Hundeführers geführt und auf die zweite Hürde nach vorne geschickt. Sobald der Hundeführer sicher ist, dass der Hund die zweite Hürde anziehen wird, dreht er sich seitlich rückwärts, wendet die linke Schulter gegen den Hund und zeigt ihm den zu laufenden Weg mit beiden Händen an. Gleichzeitig läuft er auf den dritten Ausleger der dritten Hürde, lässt den Hund an seiner rechten Seite vorbei über die Hürde springen, wobei er sich blitzschnell auf die linke Seite dreht und einen Schritt nach vorne Richtung Slalom macht. Während der Hund um ihn herumläuft, zieht er ihn an der linken Hand führend an der Wippe vorbei zum Slalom. Durch die Bewegung vom Ausleger weg nach vorne zum Slalom, während der Hund landet und um den Hundeführer herumläuft, zieht der Hundeführer den Hund mit sich. Der Hund schaut den Hundeführer an und würdigt die Wippe keines Blickes (siehe Fotos rechts).

Das »Rum« oder »Change«

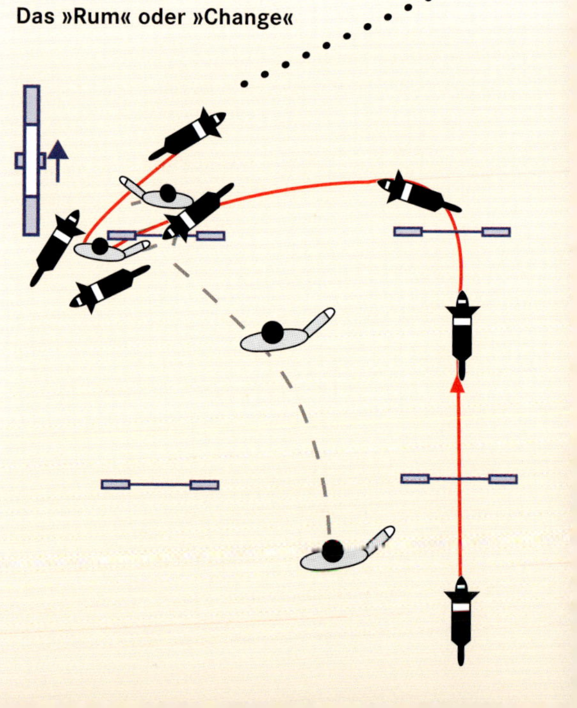

Details zu »Rum« oder »Change«

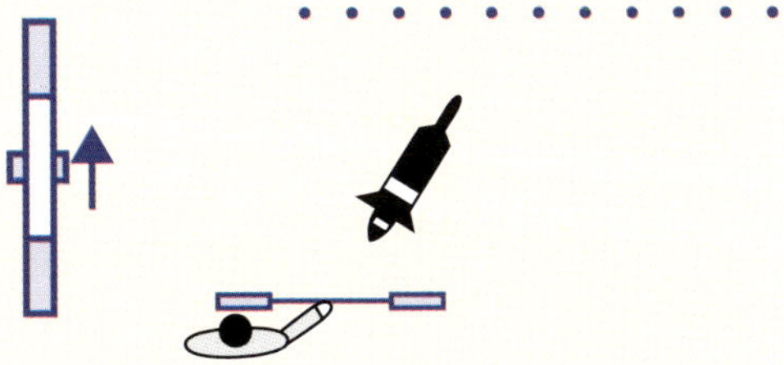

Hund mit rechter Hand über den Sprung anziehen.

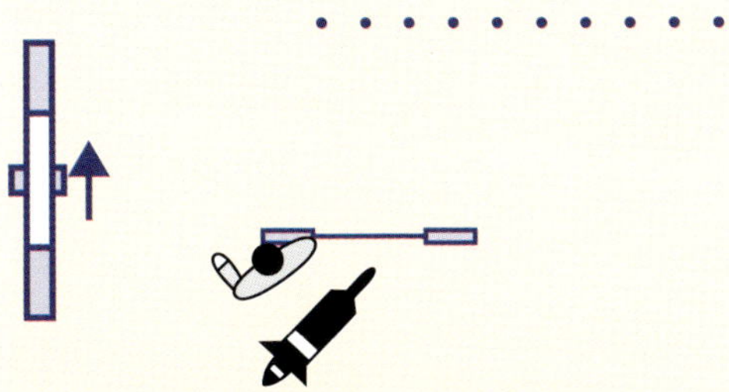

Der Hund springt, im gleichen Moment macht der Hundeführer einen Schritt am Gerät vorbei Richtung Slalom und wechselt vom rechten auf den linken Führarm.

Der Hund landet, läuft eng am linken Flügel entlang, wird mit einem Aufmerksamkeitskommando an die linke Hand, die nahe am Körper gehalten wird, angenommen und zum Slalom weitergeschickt. Wichtig: Der Hundeführer sieht dabei den Hund nicht an, sondern schaut nach vorne zum Slalom. Ein Kontrollblick über die linke Schulter könnte den Hund dazu veranlassen, trotzdem auf die Wippe zu gehen.

»Geh«, »Weg« oder »Back«

Beim »Geh« oder einem ähnlichen Kommando soll sich der Hund in Laufrichtung seitlich verschieben. Der Hund springt dabei seitwärts/vorwärts über die Hürde. Das heißt, er springt von einem Ausleger zum anderen Ausleger, wobei er mit dem ganzen Körper gleichzeitig über der Stange in der Luft hängt und sich seitwärts verschiebt. Das seitliche Anspringen einer Hürde ist für den Hund nicht einfach. Die Zeit, in der er sich über der Stange befindet, ist viel länger, als wenn er gerade über eine Hürde springen würde.

Das Kommando braucht man zum Beispiel auf der Welle. Die Welle kann bei einem gut aufgebauten »Geh« wie eine Gerade angegangen und somit sehr zeitsparend abgearbeitet werden. Siehe auch unter »Welle«.

»Hinten«

Das »Hinten« brauchen wir nur in Bezug auf eine Hürde. Der Hund springt dabei dic Hürde nicht frontal an, sondern nimmt sie auf dem kürzest möglichen Weg von hinten. Er läuft also nur um den Ausleger herum und springt die Hürde von hinten in Richtung Hundeführer, der ihn dann gleich weiterführen kann. Wir üben das anfangs nur mit einer Hürde. Wir setzen den Hund vor die Hürde und richten seinen Kopf auf die linke Seite des linken Seitenauslegers aus. Wir stellen uns zwischen Hund und die Hürde, stehen dabei vor dem linken Ausleger. Nun nehmen wir die linke Hand (Führhand) und senden den Hund mit einer schwungvollen Handbewegung und dem gleichzeitig ausgesprochenen Kommando »Hinten« hinter die Hürde und rufen ihn über die Hürde wieder zu uns. Bei der Handbewegung kann man sich vorstellen, eine Bowlingkugel nach vorne zu schieben. Genau diese Handbewegung brauchen wir. Der Hund soll durch die Dynamik in der Bewegung dazu bewogen werden, die Hürde zu suchen, um den Ausleger herumzulaufen und über die Stange drüber wieder in Richtung des Hundeführers zu springen. Der Hundeführer rennt zu Anfang bis an den Ausleger und bewegt sich dann rückwärts von der Hürde weg, bis der Hund den Ausleger umläuft und den Absprung einleitet. Die linke Hand bewegt sich dabei über den Ausleger, damit der Hund in dem Moment, in dem der Hundeführer rückwärts läuft, auf seiner Route bleibt. Die linke Hand zeichnet dem Hund im Prinzip seinen Laufweg auf. Bei der Landung nimmt der Hundeführer den Hund dann wieder auf der Seite entgegen, die der weitere Verlauf dcs Parcours verlangt.

Eine gute Übung kann man auch mit zwei Hürden in einer Geraden machen. Man setzt den Hund hinter die erste Hürde und stellt sich dann in die Mitte der beiden Hürden. Mit der linken Hand rufen wir nun den Hund, laufen mit ihm zusammen in Richtung linkem Ausleger der zweiten Hürde. Jetzt schicken wir ihn mit einer schwungvollen Handbewegung und dem Kommando »Hinten« hinter die zweite Hürde und ziehen ihn über diese wieder in die Mitte der beiden.

Beim »Hinten« springt der Hund die Hürde nicht frontal an, sondern nimmt sie auf dem kürzest möglichen Weg von hinten.

Dabei lassen wir den Hund links von uns landen und laufen mit ihm zurück zur ersten Hürde. Dort schicken wir ihn wieder um den für uns nun linken Ausleger der Hürde und rufen ihn über die Stange zu uns. Dabei bewegen wir uns rückwärts von der Hürde weg und nehmen den Hund auf unserer rechten Seite an. Weiter geht es wieder zur ersten Hürde, wo wir ihn nun mit der rechten Hand hinter den rechten Ausleger schicken, ihn über die Stange zu uns kommandieren und rechtsgeführt wieder aufnehmen, usw. Im Gegensatz zum »Out« soll der Hund nicht weit um die Hürde gehen, sondern nur die Distanz machen, die er braucht, um die Hürde erfolgreich zu absolvieren.

»Rückwärtslaufen«

Das »Rückwärtslaufen« ist für Hund und Hundeführer eine gute Übung. Der Hundeführer lernt dabei, den Abstand von einem Gerät zum anderen ohne hinzusehen einzuschätzen. Der Hund lernt auch dann über Hürden zu springen, wenn der Hundeführer sich rückwärts von ihm wegbewegt. Vor allem lernt er, sich auf die Gestik der Hände zu konzentrieren.

Wir nehmen dazu fünf Hürden und stellen sie w-förmig auf. Wir setzen den Hund hinter die erste Hürde und stellen uns rechts der Hürde seitlich versetzt in Richtung der zweite Hürde hin. Wir rufen den Hund mit der rechten Hand über die Hürde und laufen seitwärts rückwärts nach rechts gegen die zweite Hürde. Der Hund wird mit der rechten Hand vor uns durchgeführt, über die zweite Hürde geschickt und mit der linken Hand wieder übernommen usw.

Wichtig ist am Anfang, dass wir die Hände fast nahtlos wechseln. Das heißt, die eine Hand schiebt den Hund seitlich vorwärts über die Hürde, die zweite Hand gesellt sich zur ersten, übernimmt den Hund noch auf der Hürde und führt ihn weiter zur nächsten. So haben wir einen flüssigen Ablauf bei der Führung und der Hund bekommt seine Information für die nächste Hürde nahtlos.

Achten Sie bitte darauf, dass Sie den Hund anfangs mit der Hand hinter die Hürde schieben. Bewegen Sie dabei diese, als würden Sie ein Frisbee werfen, um genügend Dynamik in die Handbewegung zu bringen, da der Rest des Körpers sehr statisch ist.

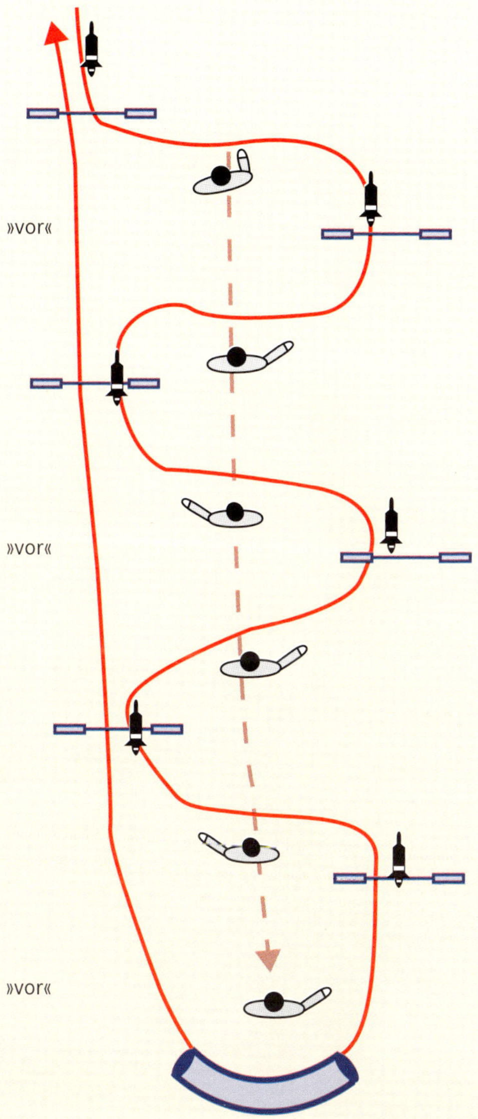

Eine gute Koordinationsübung für Hund und Hundeführer.

Das Ziel dieser Übung ist, dass sich der Hundeführer auf einer geraden Linie rückwärts bewegt und den Hund mit Hilfe der »schwingenden« Arme über die Hürden führt. Eine gute Koordinationsübung für Hund und Hundeführer.

»Out«

Mit dem »Out« bringe ich dem Hund bei, einen größeren Bogen in der eingeschlagenen Laufrichtung zu machen. Ich stelle zum Beispiel drei Hürden in einem Halbkreis auf und sende den Hund über diese, wobei ich mich auch in einem Halbkreis drehe und ihm mit der Führhand (Hand, die näher beim Hund ist) die Hürden anzeige. Nun stelle ich die mittlere Hürde weiter nach hinten. Aus dem Halbkreis wird ein halbes Oval. Trotz der größeren Distanz der mittleren Hürde zu den zwei anderen Hürden, möchte ich nicht weiter in den Kreis hineinlaufen. Ich schicke also den Hund mit der rechten Hand über die erste Hürde und sende ihn mit beiden ausschließlich nach rechts ausgestreckten Händen und einem »Out«-Kommando raus zur zweiten Hürde. Dann übernehme ich ihn wieder mit der rechten Hand über die dritte Hürde.

Dadurch, dass ich beim »Out«-Kommando beide Hände einsetze, zeigt meine Front leicht seitlich gegen den Hund, was bei ihm unweigerlich einen leichten Druck auslöst. Er weicht dem Druck aus und verschiebt sich seitlich weiter weg von mir und macht daher einen größeren Bogen. Das »Out« kann ich auch anwenden, wenn der Parcoursverlauf vorgibt, daß er schief angelaufen wird.

Wenn der Hund auf Kommando Geräte selbständig abarbeitet, kann sich der Hundeführer in Ruhe positionieren.

Ich gebe dem Hund vor dem »Auf« ein »Out« und zeige ihm das mit beiden gegen den Steg ausgestreckten Händen an. Dadurch versetzt sich der Hund ganz sacht zur Seite, macht einen minimal größeren Bogen und kommt ganz gerade auf den Laufsteg. Auch beim »Freestylen« können wir das »Out« wunderbar einsetzen.

Das »Out« können wir auf jedem Spaziergang üben, zum Beispiel um Bäume, um Holzstapel oder um Fußballtore. Diese eignen sich ganz prächtig. Ich setze den Hund in die rechte Ecke hinter das Fußballtor, stelle mich in das Tor hinein und schiebe ihn nun von innen zur linken Ecke und weiter um das Tor. Durch das Netz, das zwischen uns ist, kann der Hund nicht hereinkommen, sieht mich aber trotzdem immer. Übt man an Bäumen, sollte man zuerst mit ganz dünnstämmigen anfangen, damit der Hund den Hundeführer nur ganz kurz aus den Augen verliert. Man kann mit der Zeit immer dickstämmigere Bäume aussuchen und so das »Out« festigen. Später sind mehrere Bäume, die der Hund umlaufen soll, eine schöne Steigerung. Wenn der Hund das »Out« um Objekte beherrscht und das Kommando kennt, kann ich beispielsweise auf einer großen Wiese stehen und ihn weite Kreise um mich drehen lassen (wie beim Longieren).

Wettkampfszene mit einem »Wechsel hinter dem Hund« (im Hintergrund Richter Otto Frühwirth, A).

»Wechsel hinter dem Hund«

Wann immer möglich, führt man den Hund von vorne. Trotzdem sollte man dem Hund auch die Wechsel hinter ihm beibringen, da die heutigen Parcours teilweise das »Wechseln hinter dem Hund« verlangen.

Beim »Wechseln hinter dem Hund« passieren oft Verweigerungen, weil der Hundeführer zu früh in die Hürde reinläuft und den Hund dadurch zur Seite schiebt. Der Hund weiß nicht mehr sicher, ob er nun über die Hürde springen soll oder nicht. Es heißt »Wechseln hinter dem Hund«, damit ist gemeint, den Wechsel schon ein Gerät vor dem eigentlichen Wechsel einzuleiten, damit wir auch hinter den Hund kommen und er uns überholen kann. Am einfachsten üben wir das »Wechseln hinter dem Hund« beim Tunnel oder bei den Zonen. Das sind Geräte, die die Hunde in der Regel gerne machen und innerhalb kurzer Zeit alleine anziehen. Wir können das »Wechseln hinter dem Hund« aber auch mit einer einzigen Hürde üben.

Man stellt eine Hürde auf und setzt den Hund in die Mitte vor die Hürde. Der Hundeführer stellt sich rechts neben die Hürde und schickt den Hund über die Hürde. Sofort nach der Landung wirft der Hundeführer dem Hund das Spielzeug in seine Laufrichtung. Der Hund wird also nach vorne bestätigt.

Nun wird der Hund wieder vor die Hürde gesetzt. Diesmal allerdings leicht schräg davor. Der Kopf des Hundeführers ist nach rechts ausgerichtet. Er startet wieder rechts vom Hund, schickt ihn über die Hürde und wirft das Spielzeug zur Bestätigung nach vorne in die Laufrichtung des Hundes. Diese Übung wird nun noch ein paar Mal gemacht, wobei der Hund immer schiefer vor die Hürde

gesetzt wird und schlussendlich nach der Hürde ganz dicht am Ausleger landet. Der Hundeführer startet dabei immer rechts vom Hund. Wenn der Hund dann schon fast diagonal springt, stellt sich der Hundeführer auf die linke Seite des Hundes. Der Hund wird wieder schräg über die Hürde geschickt. Der Hundeführer startet aber links von ihm und wechselt während der Sprungphase des Hundes hinter dem Hund auf die rechte Seite. Dadurch, dass der Hund schon schräg über die Hürde geschickt wird, kann er nun gar nicht nach links drehen, sondern dreht automatisch nach rechts, obwohl der Hundeführer hinter ihm auf die andere Seite läuft. Wir arbeiten jetzt ganz langsam den Hund mit jeder weiteren Hürde zurück in seine ursprüngliche Haltung, nämlich gerade über die Hürde zu starten. Der Hundeführer bleibt dabei immer links vom Hund und wechselt während der Sprungphase auf die rechte Seite. Am besten trainiert man die ganze Übung unter Anwendung von Richtungskommandos (»links«, »rechts«). So lernt der Hund, gleichzeitig mit dem Wechsel des Hundeführers auch auf ein Richtungskommando zu hören, um auf die vom Hundeführer angesagte Seite zu drehen.

Oftmals sagen mir Hundeführer an Seminaren, dass sie mit Rechts- und Linkskommandos nicht arbeiten, weil sie sich diese nicht merken könnten.
Wir aber verlangen vom Hund, dass er verschiedene Geräte erlernt, dass er Wechsel lernt, dass er lernt, die Distanz zu den Hürden selbständig einzuteilen. Also sollte es doch für einen Hundeführer möglich sein, in derselben Zeit Richtungskommandos zu erlernen.

Sprungkombinationen

Halbkreis, Kleeblatt oder Fächer

Drei Hürden in einem Halbkreis sollte ein Hund selbständig arbeiten können. Für die zweite (mittlere Hürde) bekommt der Hund ein »Out«-Kommando. Beim »Out« hat er gelernt, sich seitlich weiter vom Hundeführer zu entfernen. Mit Handzeichen kann die Arbeitsdistanz vom Hund zum Hundeführer verkleinert oder vergrößert werden. Ist der Arm seitlich ausgestreckt, soll sich der Hund seitlich vom Hundeführer trennen, ist der Arm am Bein, hat er nahe am Bein zu arbeiten. Je größer die natürliche Arbeitsdistanz ist, umso näher ist der Arm des Hunderführers am Bein.

Halbkreis, Kleeblatt oder der Fächer

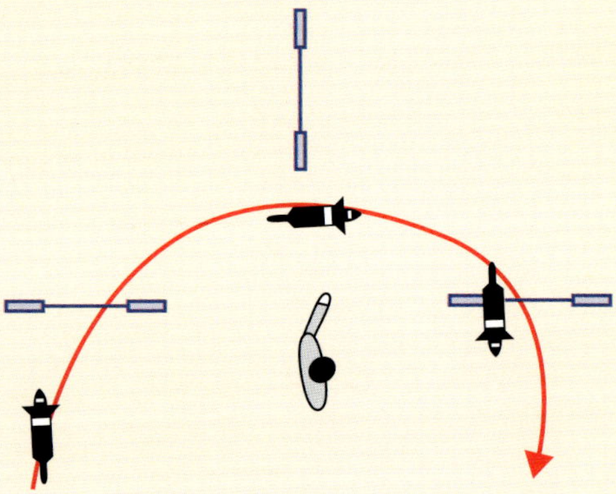

HF steht zu weit weg vom zweiten Sprung = der Hund läuft innen am Sprung vorbei.

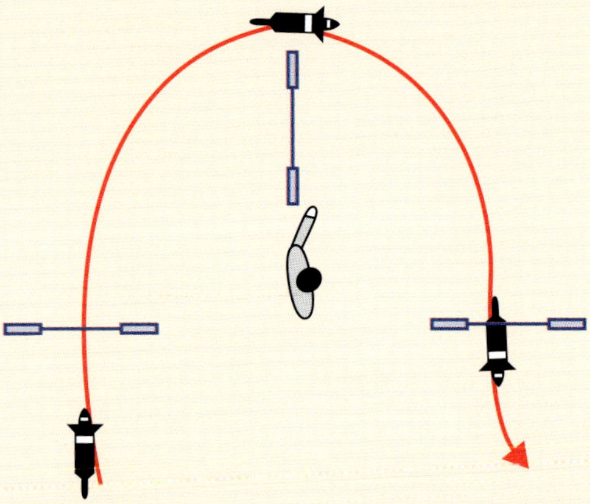

HF steht zu nah am zweiten Sprung = der Hund läuft außen am Sprung vorbei.

Die Treppe

Eine Treppe ist nichts anderes als eine Gerade. Allerdings müssen wir dem Hund beibringen, die Treppe als Gerade zu erkennen. Zu Beginn wird der Hund diagonal zur Hürde hingesetzt, damit er eine gerade Linie von der ersten zur letzten Hürde vor sich hat. Ein Helfer mit Leckerchen oder Spielzeug hinter der letzten Hürde unterstützt den Hund, sich nach vorne zu konzentrieren.
Versuchen Sie nun den Hund, nach und nach immer gerader an die erste Hürde hinzusetzen, damit er auch lernt, die Linie nach der ersten Hürde selbständig zu suchen. Der Helfer bleibt nach wie vor hinter der letzten Hürde, ruft den Hund an und bestätigt mit dem Spielzeug.

Aufbau Welle

Das seitliche Anspringen übe ich mit vier Hürden, die in einer Geraden stehen. Der Hund macht dabei ein »Vor«. Man arbeitet die Hürdenreihe durch und verstellt den Winkel der Hürden bei jedem Durchgang. Der linke Ausleger der Hürde bleibt am Platz, der rechte Ausleger wird ca. zehn Zentimeter nach links oben versetzt. Nach jedem Durchgang drehen wir den rechten Ausleger etwas mehr nach links. Der Hund wird jedes Mal mit einem »Vor« durch die Hürdenreihe geführt. Die Hürden stehen nun immer senkrechter.

Die Treppe

Falsch

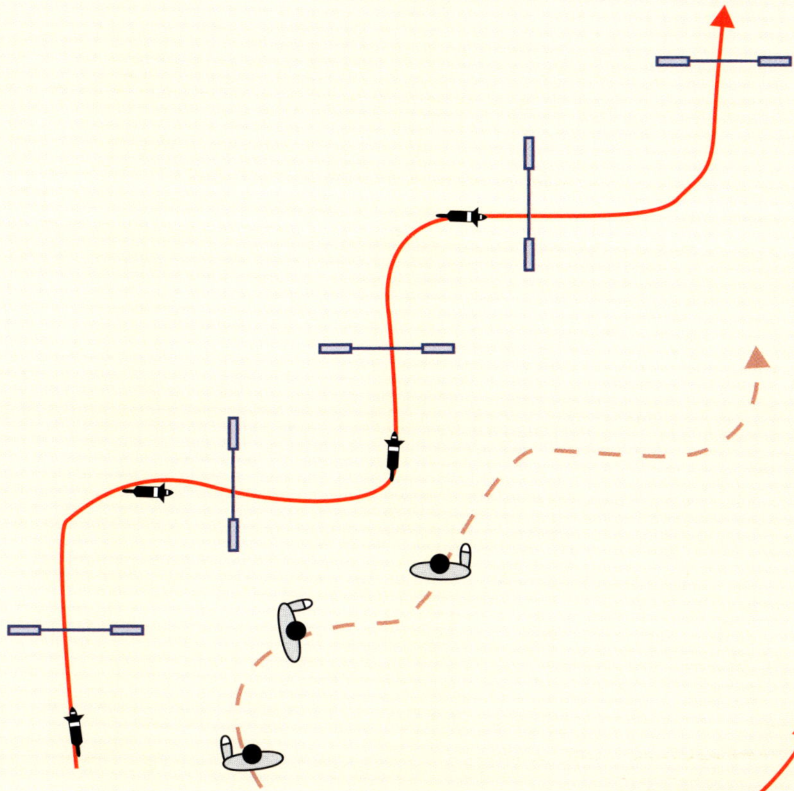

Richtig

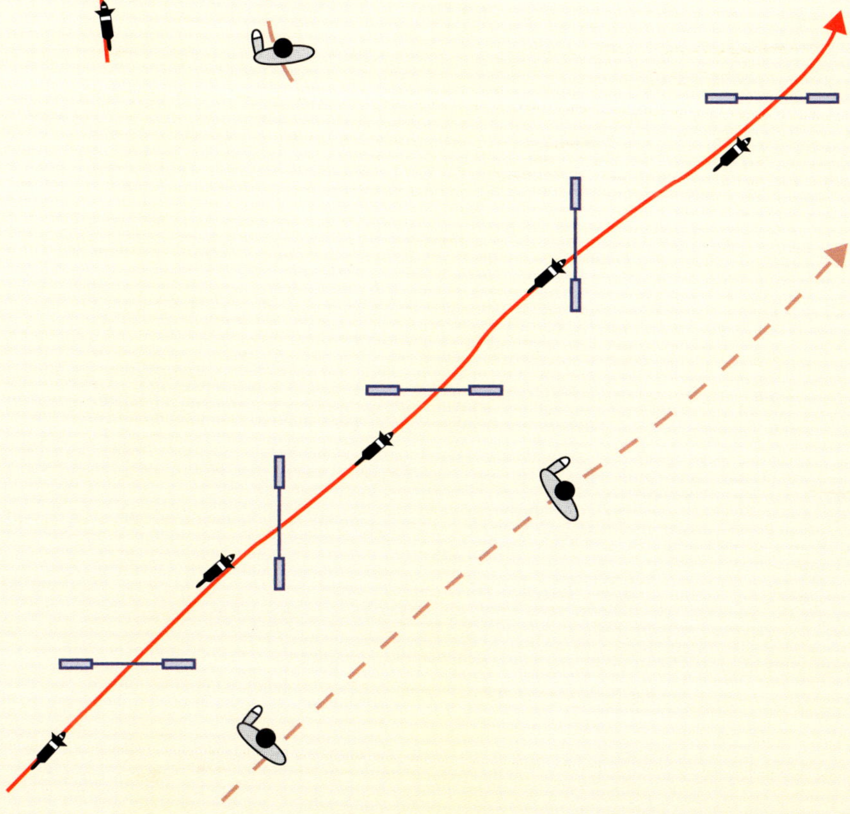

Es ist immer noch eine Gerade, aber der Hund muss sich nun immer mehr seitlich vorwärts versetzen. Am Schluss stehen die Hürden senkrecht nebeneinander. Nun ändern wir das »Vor«-Kommando in das »Geh«-Kommando. Wir führen den Hund auf unserer linken Seite und schicken ihn mit der Führhand (linke Hand) über die Hürden. Die linke Hand ist dabei immer an unserem Körper entlang nach hinten ausgestreckt und führt den Hund. Die Sperrhand (rechte Hand) wird gerade ausgerichtet vor dem rechten Bein gehalten. Durch diese Haltung der rechten Hand sind die Schultern in gerader Richtung nach vorne ausgerichtet, und der Hund kann auf der Linie gehalten werden. Der Hund soll dabei mit dem Körper parallel zu uns bleiben. Hund und Hundeführer arbeiten dabei immer Kopf an Kopf. Der Hund landet auf der linken Seite der ersten Hürde und läuft weiter zur zweiten Hürde. Der Hundeführer läuft parallel zum Hund auf der rechten Sei-

Aufbau der Welle

Phase 1 bis 5:

Man arbeitet die Hürdenreihe durch und verstellt den Winkel der Hürden bei jedem Durchgang. Der linke Ausleger der Hürde bleibt am Platz und der rechte Ausleger wird ca. zehn Zentimeter nach links oben versetzt. Nach jedem Durchgang dreht man den rechten Ausleger etwas mehr nach links.

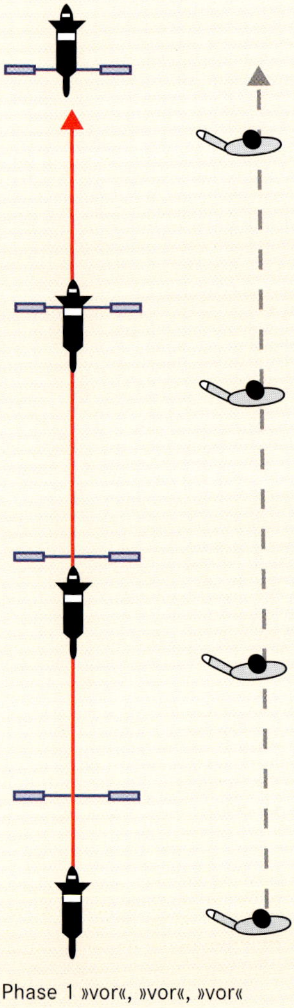
Phase 1 »vor«, »vor«, »vor«

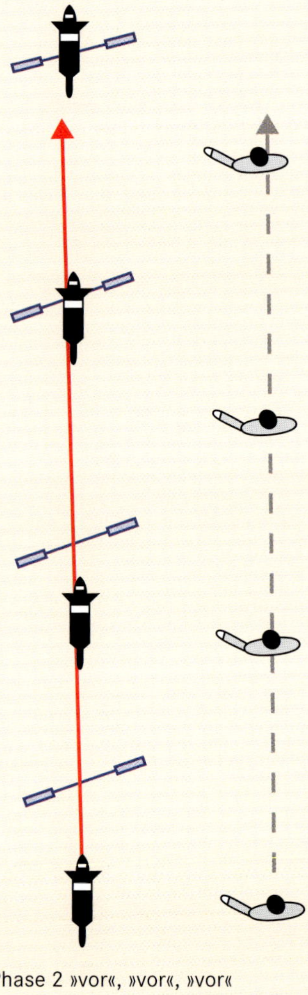
Phase 2 »vor«, »vor«, »vor«

te der zweiten Hürde entlang, zieht die linke Hand leicht hinter den Rücken und ruft den Hund mit dem Kommando »Qui« (Handtargetkommando) über die zweite Hürde zu sich an die linke Hand. Der Hundeführer bleibt dabei immer in einer Vorwärtsbewegung. Der Hund landet zwischen Hürde und Hundeführer. Zusammen laufen sie weiter zur dritten Hürde. Der Hundeführer zieht nun die linke Hand am Bein entlang nach vorne, zeigt dem Hund die nächste Hürde und schickt ihn mit einem »Geh« über die dritte Hürde usw. Der Hundeführer läuft in einem Abstand von ca. einem Meter neben der Hürde. Bei dieser Distanz muss der Hund seitlich landen und kann sofort wieder auf die nächste Hürde geführt werden. Ist der Abstand des Hundeführers zur Hürde zu groß, wird der Hund nicht mehr seitlich, sondern vorwärts über die Hürde springen. Er muss dadurch wieder gedreht und auf die nächste Hürde ausgerichtet werden, was einen Zeit-

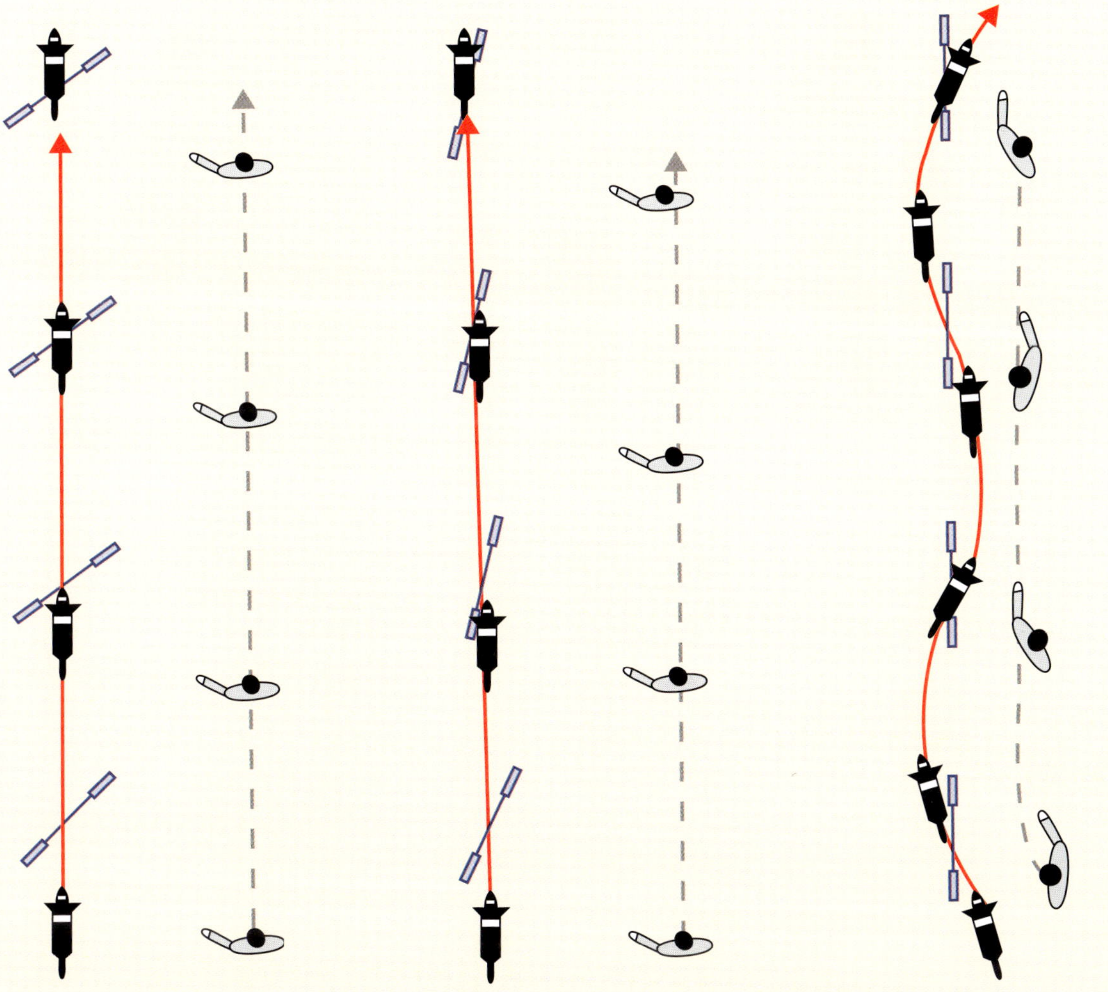

Phase 3 »vor«, »vor«, »vor«

Phase 4 »vor«, »vor«, »vor«

Phase 5 »geh«, »hier«, »geh«, »hier«

»Welle«: Der Hundeführer bleibt immer in einer Vorwärtsbewegung.

verlust mit sich bringt oder sogar zu einer Verweigerung führen kann, weil der Hund die nachfolgende Hürde nicht mehr oder zu spät sieht.

Das »Geh« kann überall angewandt werden, wo der Hund sich seitlich vom Hundeführer wegbewegen muss und dann in der gleichen Richtung weiterlaufen soll. Verlangt der Parcours eine Richtungsänderung, arbeitet man mit einem Richtungskommando und nicht mit dem »Geh«. Das »Geh« wird also nur dort angewandt, wo eine seitliche Vorwärtsverschiebung verlangt wird. Um dem Kommando »Geh« etwas Nachdruck zu verleihen, benützt man dabei immer beide Hände. Mit der Führhand wird der Hund geschickt und die Gegenhand schiebt nach. Die Schultern sind so ganz klar in Laufrichtung ausgerichtet und das Wegspringen vom Hundeführer wird für den Hund verständlicher.

Bei jungen und im Aufbau stehenden Hunden wird die Sperrhand deutlicher eingesetzt und eventuell auch mit einer leichten Schulterdrehung gearbeitet. Auch bei stärkeren oder respektloseren Hunden bedarf es am Anfang einer stärkeren Drehung, was

Der Hund fixiert durch die eindeutige Körperhaltung nach jedem Sprung bereits die nächste Hürde.

sogleich mehr Körperdruck mit sich bringt. Egal auf welcher Körperseite der Hund sich seitlich verschiebt, das Kommando bleibt gleich. Die Handlung des Hundes bleibt ja die Gleiche, er soll sich einfach seitlich vom Körper des Hundeführers parallel zur Seite bewegen. Kommt der Hund nicht sauber an die Hand, empfiehlt es sich, wieder mal das Handtargetkommando »Qui« zu üben.

»Welle mit Zwischendurchziehen«

Für die »Welle mit Zwischendurchziehen« gibt es verschiedene Möglichkeiten. Die bekannteste ist sicher das Rückwärtslaufen, wobei der Hund mit dem Handtarget »Qui, Qui, Qui« zwischen den Hürden durchgezogen und mit einer schwungvollen Bewegung der Hand wieder über die nächste Hürde geschickt wird.

Nicht ganz so einfach wie das einfache Rückwärtsgehen sind die zwei halben »Frontwechsel«. Wenn wir davon ausgehen, dass unsere Füße immer in die Richtung laufen sollten, in die sich auch der Hund bewegt, braucht der Hund eine halbe Drehung des Hundeführers

»Welle mit Zwischendurchziehen«: Die Hände sind vor dem Körper.

rers, um zu wissen, dass es eben nicht die Hürde ist, die er nehmen soll, sondern der Zwischenraum. Die Füße sollen immer den Winkel anzeigen, den der Hund nehmen soll. Versuchen Sie dabei nahe an den Hürden zu bleiben. Wenn Sie zu weit weggehen, kann es sein, dass Sie bei der dritten Hürde den Hund nicht mehr über die Hürde wegschieben können.

Ist ein Hund sehr führig und der Hundeführer laut oder der Hund eher langsam und etwas unsicher, gibt es die Möglichkeit, den Hund mit einem angedeuteten Franzosen zwischen den Hürden reinzuziehen und mit einem weiteren angedeuteten Franzosen wieder über die nächste Hürde zu schicken. Dabei muss allerdings sehr genau gearbeitet werden. Der Hund muss vor dem Absprung bereits wissen, wo es nach der Landung weitergehen soll. Es bedingt auch, dass der Hund ein absolut perfektes »Auf-die-Hand-Laufen« kennt. Gehen wir nun davon aus, dass die erste Hürde der Welle auf der linken Seite des Hundeführers ist und der Hund vom Hundeführer weggeschickt werden soll. Die linke Hand zeigt dem Hund die Hürde an, die rechte liegt bereits auf dem Rücken des Hundeführers. Sobald der Hund die Hürde anpeilt, deutet der Hundeführer einen Fran-

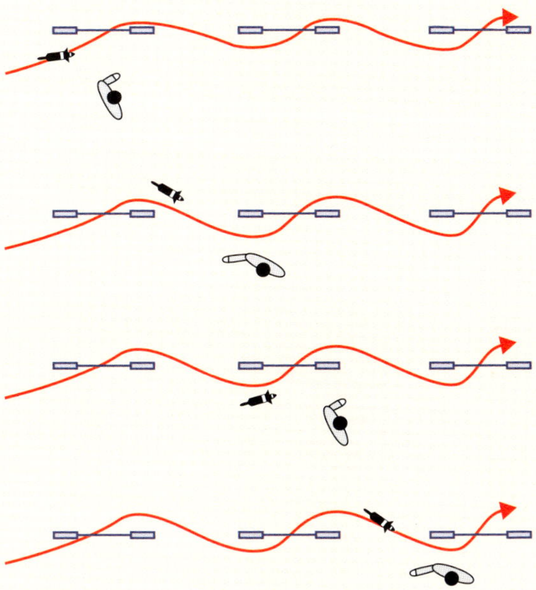

Führvariante 1:
»Welle mit Zwischendurchziehen«

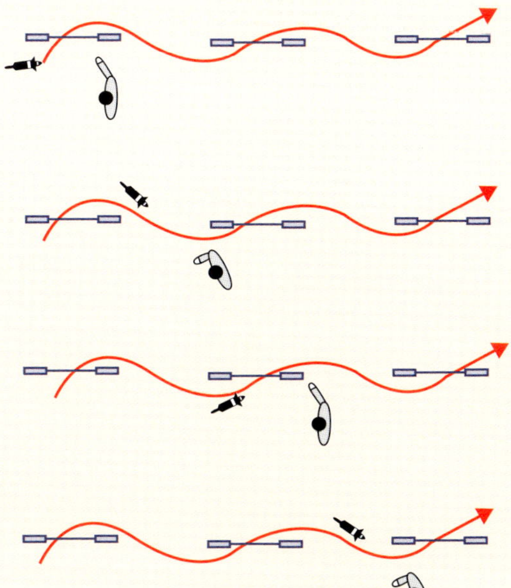

Führvariante 2 (nur Rückwärtsgehen):
»Welle mit Zwischendurchziehen«

zosen an, indem er die rechte Hand hinter dem Rücken gegen den Hund dreht und dem Hund ein »Qui« gibt. Der Hund rennt nun Richtung rechte Hand und kommt dabei zwischen die Hürden rein. Sofort geht der Hundeführer in die Gegenbewegung und deutet einen weiteren Franzosen an, indem er die linke Hand hinter dem Rücken nach rechts schiebt. Der Hundeführer sieht den Hund dabei nicht an, sondern konzentriert sich nach vorne auf das nächste Hindernis. Der Hund wird allein durch die Handbewegung und ein leichtes Schulterdrehen gelenkt. Diese Führung bedingt Vertrauen zum Hund und in seine Ausbildung. Ein Hund, der gelernt hat, auf die jeweils gezeigte Hand zu laufen, wird die absolut kürzeste Linie zwischen den Hürden durch wählen und gleich wieder über die nächste Hürde springen.

Eine weitere Möglichkeit ist, den Hund beim Zwischendurchziehen der Hürden mit den Händen vor dem Körper zu arbeiten. Gehen wir erneut davon aus, dass die erste Hürde der Welle auf der linken Seite des Hundeführers ist und der Hund vom Hundeführer weggeschickt werden soll. Der Hund wird mit der linken Hand über die erste Hürde geschickt. Sobald der Hund die erste Hürde anpeilt, lege ich meine rechte Hand quer über meinen Bauch (die rechte Hand ist auf der linken Bauchseite) und ziehe nun beide Hände am Körper entlang auf die rechte Bauchseite. Der Hund folgt meinen Händen und kommt durch die Bewegung zwischen den Hürden rein. Meine Hände schieben sich nun vor dem Bauch wieder nach links und zeigen die nächste Hürde an.

Auch diese Führweise bedingt ein korrektes »An-die-Hand-Laufen«.

Box… enstopp?

Als »Box« bezeichnet man die Anordnung von vier und mehr Geräten zu einem Viereck oder Rechteck, welches man während des Parcoursverlaufs durchqueren muss. Dabei muss man die Linie des Hundes und die Linie des Hundeführers genauestens berechnen, damit man nicht in die Lauflinie des Hundes kommt und ihn dadurch auf ein falsches Gerät schickt. Der Hund soll, bevor er in die »Box« hineinspringt, schon auf das nächstfolgende Gerät eingedreht werden. Er wird mit der Führhand geführt und mit einem »Qui, Qui, Qui«-Kommando darauf

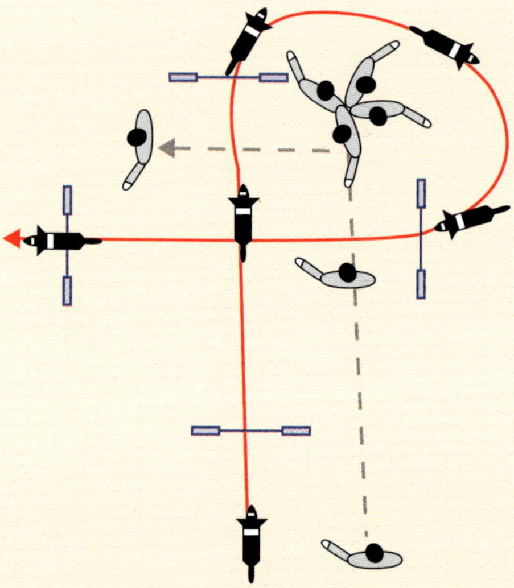

Einfache Box

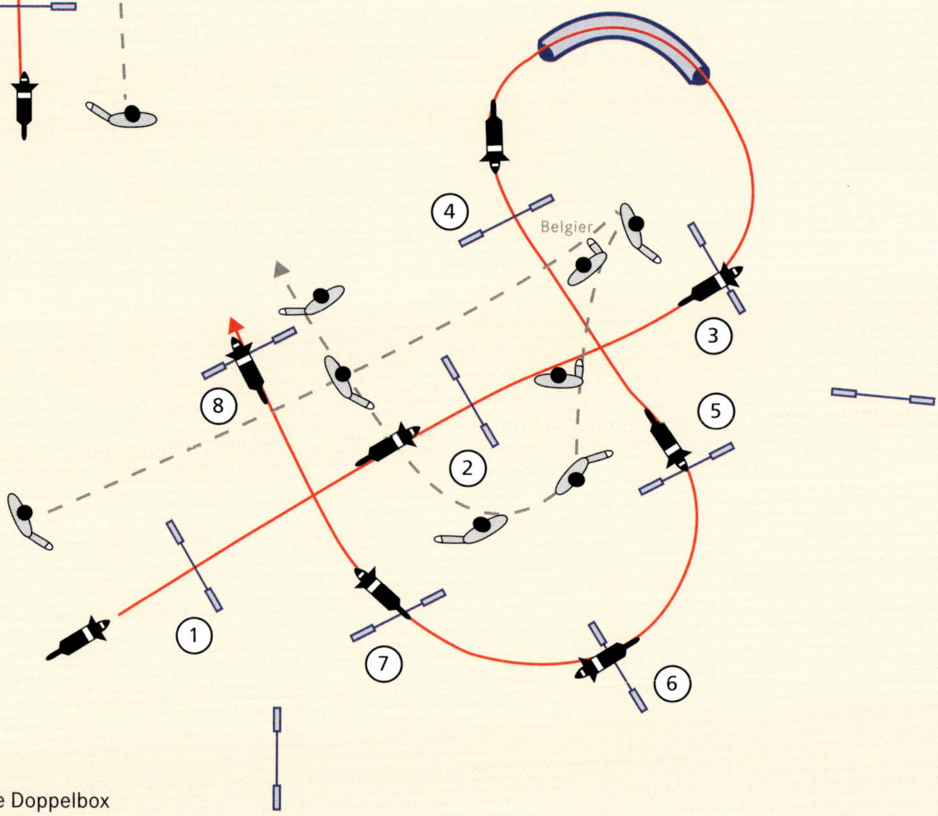

Übungsvariante Doppelbox

aufmerksam gemacht, dass er dicht am Bein bleiben soll, bis der Hundeführer ihn ausgerichtet hat und ihn wieder aufs nächste Geräte vorschicken kann. In der »Box« bleiben die Arme immer am Körper und werden am Körper entlanggeschoben, um das zu absolvierende Gerät anzuzeigen.

Die »Doppelbox« aus sieben Hürden ist eine Gerätekonstellation, auf der man fast jeden Wechsel trainieren kann. Mit einer »Doppelbox« kann man unendlich viele Übungen machen. Stellt man noch einen oder zwei Tunnel dazu, kann man sich wochenlang mit diversen Sequenzen beschäftigen.

Bei der »Box« kann auch das »Zwischendurch«, das »Hinten« oder das »Out« geübt werden.

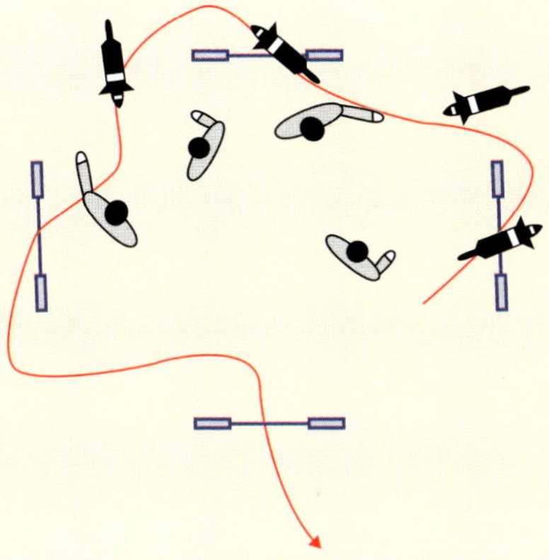

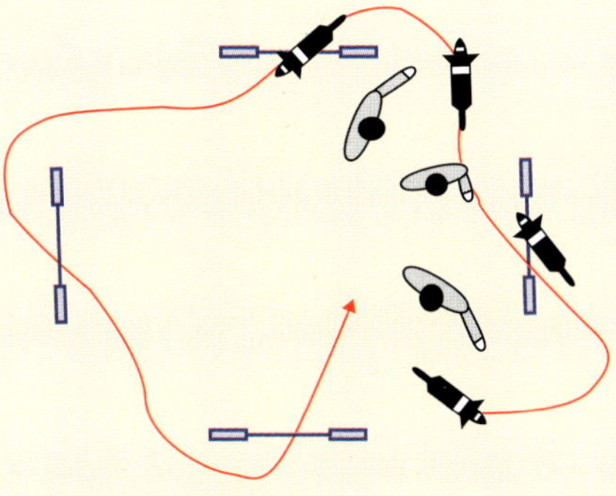

»Zwischendurch ziehen«

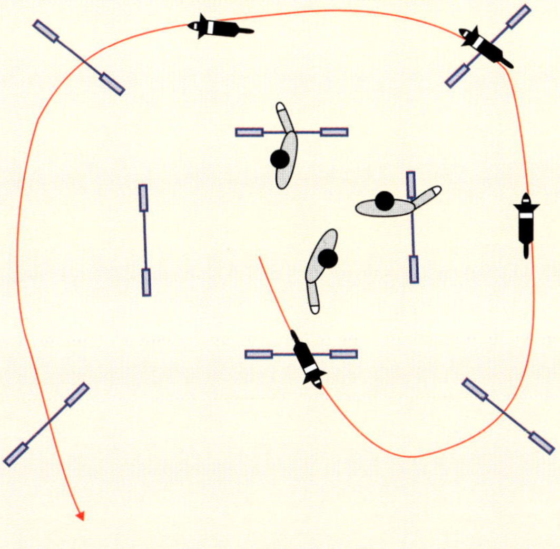

»Out«

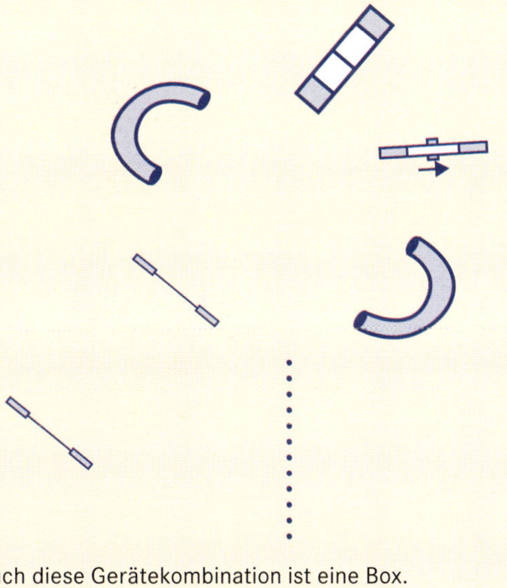

Auch diese Gerätekombination ist eine Box.

VIII. FLEISSARBEIT

REGULA TSCHANZ-HAAS

Alle reden vom »Stellen«

Mit »Stellen« ist das bewusste Hinführen des Hundes auf einen genauen Absprungspunkt oder auf die optimale Lauflinie gemeint.

Schon am Start ist es wichtig, dass der Hund so platziert wird, dass er gleich nach der ersten Hürde auf der optimalen Lauflinie landet und nicht vor einer Verleitung. Der Hund wird also nicht zwingend frontal vor der ersten Hürde platziert, sondern je nach Parcoursverlauf in einem Winkel hingesetzt. Der genaue Winkel ergibt sich daraus, wie die weitere Gerätefolge ist.

Wichtig ist, dass der Hund immer im Fluss und möglichst auf hohem Tempo geführt werden kann. Die Grundregel heißt: Hund an die Hand nehmen (Handtargetkommando z.B. Qui), auf die optimale Linie stellen und das nächstfolgende Gerät ansagen. Schönes, sauberes und vor allem gelenkschonendes Führen des Hundes sollte die wichtigste Aufgabe für jeden Hundeführer sein.

Nichts ist ungesünder und frustrierender für einen motivierten Hund, als bereits nach dem ersten Gerät angefaucht zu werden, weil die von ihm eingeschlagene, als richtig befundene Richtung falsch war, da der Hundeführer ihn nicht richtig am Start platziert hatte.

Meist wird der Hund vor eine Hürde gestellt. Möglich ist es aber auch vor einer Zone, damit er z.B. gerade auf die Zone kommt. Vor dem Slalom, damit der Slalomeingang einfacher zu bewältigen ist oder vor dem Sacktunnel, damit er gerade reinrennt und sich nicht den Kopf oder die Schulter anhaut.

Am geläufigsten ist sicher das Stellen vor den Hürden. Egal in welche Richtung es nach der Hürde geht oder welchen Wechsel wir vor oder hinter dem Hund einleiten, der Hund soll immer wissen, wo es nach der Hürde weitergeht, bevor er eine Pfote vom Boden nimmt, um abzuspringen. Ist der Hund mal abgesprungen, ist es ihm unmöglich, seine vor dem Absprung gewählte Richtung oder Sprungweite zu verändern. Der Hundeführer sucht sich bei der Parcoursbegehung die für ihn und seinen Hund optimale Lauflinie. Das muss nicht zwingend immer der kürzeste Weg sein. Oft ist ein längerer Weg, auf dem der Hund flüssiger geführt werden kann, der schnellere. Ein kürzerer Weg mit einem eckigen Winkel, durch den der Hund sein ganzes Tempo rausnehmen muss, kann zu Zeitverlust führen. Achtung: Die optimale Lauflinie des Hundes deines Kollegen muss nicht immer zwingend auch der schnellste Weg für dich und deinen Hund bedeuten. Lauftempo, Wendigkeit, Größe und Rückenlänge des

Gelenkschonendes Führen des Hundes sollte die wichtigste Aufgabe für jeden Hundeführer sein.

Hundes müssen berücksichtigt werden beim Suchen der optimalen Lauflinie.

Geräteerkennung

Ein absolutes Muss für meine Trainingsteilnehmer und meine eigenen Hunde ist die Geräteerkennung. Das heißt, ich lehre sie gewisse Geräte auf ein Kommando zu suchen. Zu diesen Geräten gehört der Slalom, die Zonen (wobei die Wippe ein eigenes Kommando hat) sowie der Tunnel. Mit einfachen Übungen bläue ich ihnen die Namen der Geräte immer wieder ein.
Der Tunnel steht z.B. rechts und auf der gegenüberliegenden Seite die Wand. Der Hund wird von der Mitte aus durch den Tunnel geschickt. Drei, vier, fünf Mal, wobei er nach dem Tunnel immer heftig gelobt wird mit dem Kommando »brav Tunnel«. Nun schicken wir den Hund zur anderen Seite auf die Wand und loben ihn nach der Wand mit »brav auf« (»auf« ist das Kommando für die Zone). Auch die Wand lassen wir den Hund mehrmals abarbeiten. Wir schieben die Geräte etwas näher zueinander und starten wieder mit dem Tunnel. Nach jedem Durchgang schieben wir die Geräte näher aneinander, bis sie direkt nebeneinander liegen. Klappt die Unterscheidung der beiden Geräte

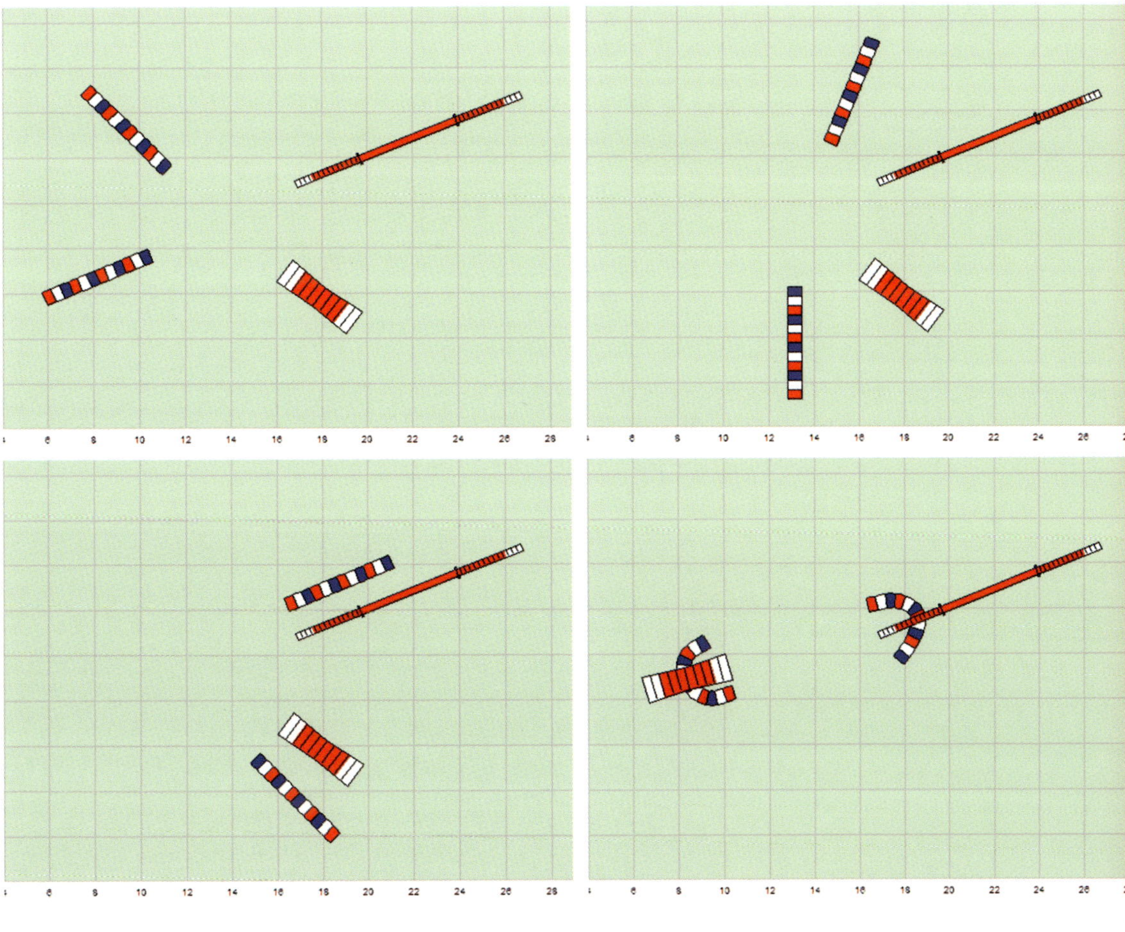

Übungssequenzen, um das Stellen zu trainieren.

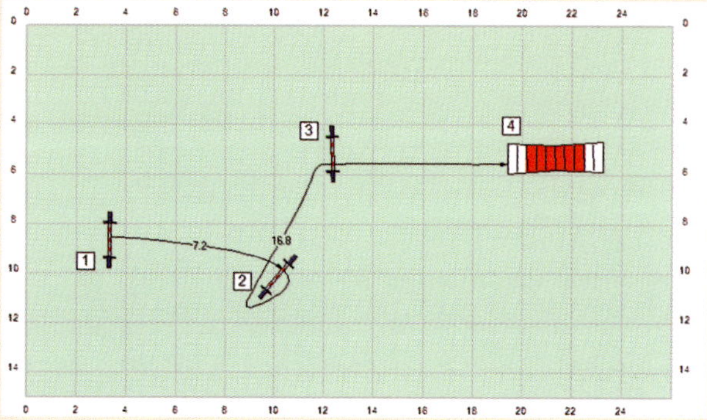

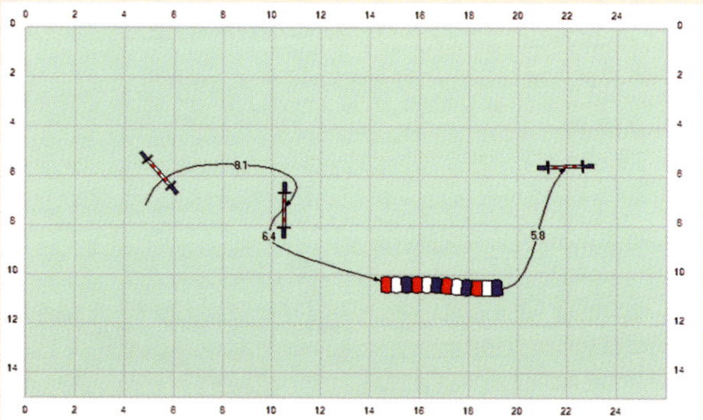

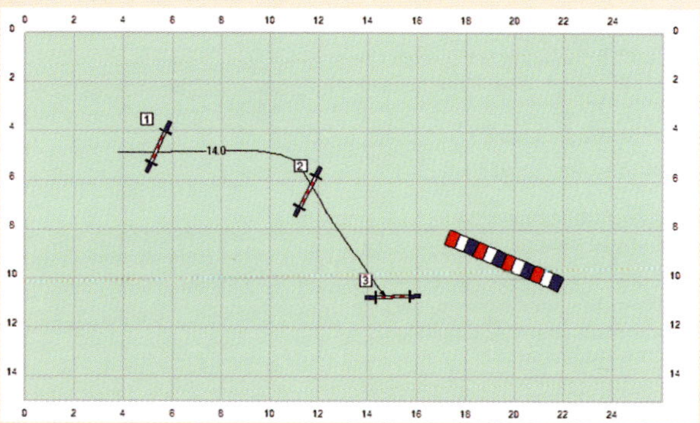

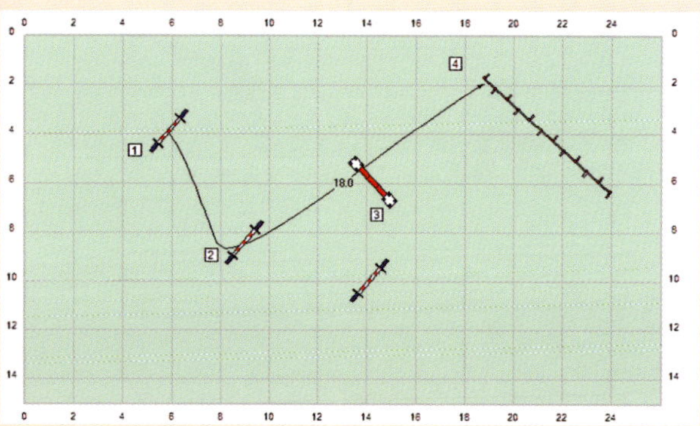

durch den Hund immer noch fehlerfrei, machen wir es noch etwas schwieriger und ziehen den Tunnel unter der Wand durch. Solche Übungen kann man mit Slalom-Tunnel, Slalom-Wippe, Wand-Tunnel etc. machen. Der Hund lernt sehr gut über Wiederholungen, also empfiehlt es sich, solche Übungen öfter zu machen. Klappt die Unterscheidung bei kurzen Übungen, können wir längere Sequenzen stellen und das Gelernte auch im Parcours abfragen.

Kurzspringen

Auch das Kurzspringen ist eine absolute Fleißarbeit, die gleich schon beim Aufbau des Hundes eingebaut werden sollte. Für den Zonen- und den Slalomaufbau wird sehr viel Zeit investiert. Viel weniger spricht man über das Abarbeiten von Hürden – dabei ist dies ein sehr wichtiger Punkt. Der Hund soll nicht irgendwie über eine Hürde; im Gegenteil: Er soll ganz bewusst springen.

Viele Hunde bringen eine gute Sprungtechnik in ihren Genen mit. Es gibt jedoch Hunde die lernen müssen, ihren Körper richtig einzusetzen, wenn sie über eine Hürde springen.

Der ideale Absprungspunkt auf einer Geraden muss so sein, dass der Hund auf der Mitte der Hürde den höchsten Punkt erreicht hat. Springt er zu früh ab und beginnt, über der Stange bereits die Landung einzuleiten, wird er vermutlich mit der Hinterhand die Stange touchieren. Springt er zu spät, braucht er unnötige Energie, weil er die Hürde durch den zu späten Absprung viel steiler anspringen muss. Ein Hund mit einer guten Sprungtechnik entscheidet also selbstständig über seinen Absprungspunkt. In der Re-

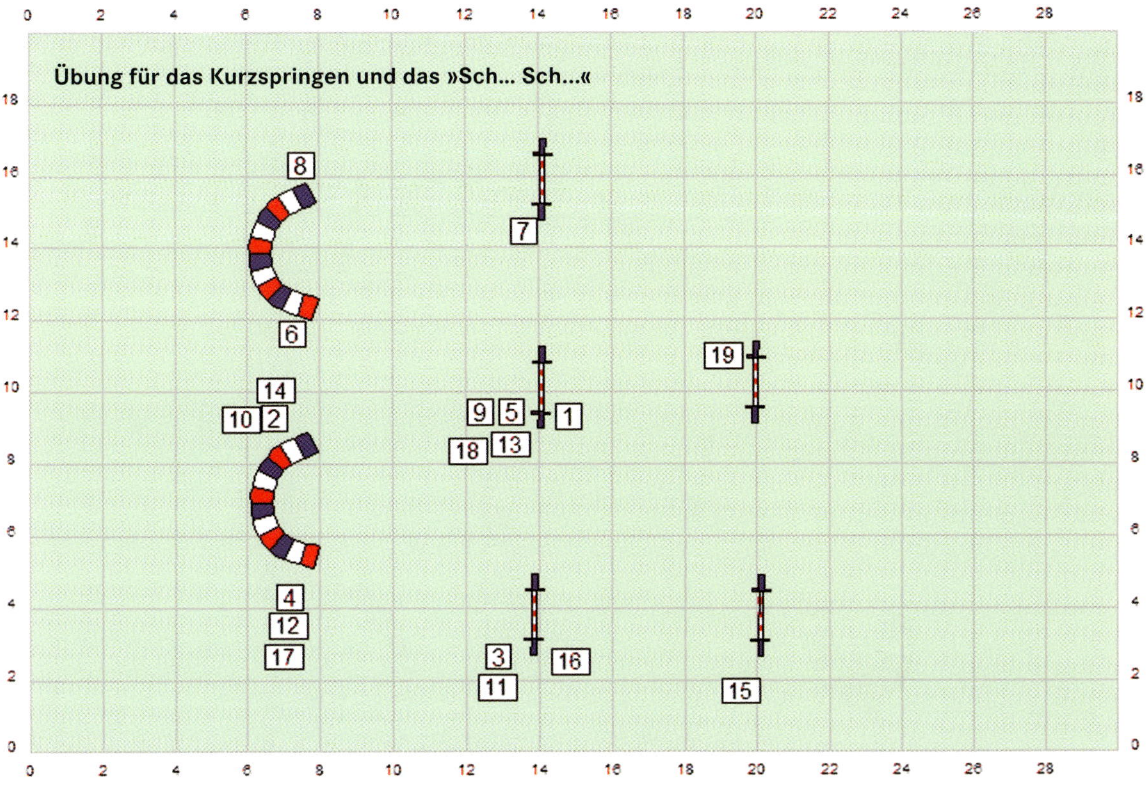

gel ist die Distanz vom Absprungspunkt bis zur Sprungstange genauso lang wie von der Sprungstange zum Landungspunkt. Soll der Hund kurz springen, damit er enger wenden kann, muss also sein Absprungspunkt verändert werden. Das heißt, er muss näher an die Hürde ran, um enger landen zu können. Dazu bringe ich meinen Hunden ein Kurzspringkommando bei. Es lautet: »sch...sch...« In der ersten Ausgabe des Buches habe ich dies mit »Hey« beschrieben. Davon bin ich gänzlich abgekommen. Das »Hey« kann man nur mit Druck in der Stimme aussprechen. Ein weicher, feinfühliger Hund reagiert sehr gut darauf, nicht aber ein im Trieb sehr starker Hund. Druck erzeugt bekanntlich Gegendruck. So wird bei einem Hund mit starkem Trieb das Gegenteil davon erreicht, was wir uns erhoffen. Wenn wir das »Sch...« richtig anwenden, nehmen wir Druck raus und erreichen damit, dass der Hund das Tempo drosselt. Beim Aussprechen des »Sch...« ist es wichtig, dabei auszuatmen.

Übung: Stellen Sie sich vor den Spiegel. Atmet Sie tief ein. Beobachten Sie ganz genau, was passiert, wenn Sie ruhig ausatmen. Richtig, die Schultern senken sich, das heißt, wir entspannen uns bzw. der Druck wird weggenommen. Die Lösung ist also: Spannung rausnehmen, wenn der Hund kurz springen soll. Der Hund soll nun lernen, Tempo rauszunehmen, wenn wir »Sch...« sagen. Meine Lieblingsübung dazu ist folgende:

Der Hundeführer schickt den Hund ab 1 in den Tunnel und positioniert sich dann am rechten Ausleger von 3. Der Hund kommt aus dem Tunnel, wird vom Hundeführer mit einem »Qui« an die rechte Hand dirigiert.

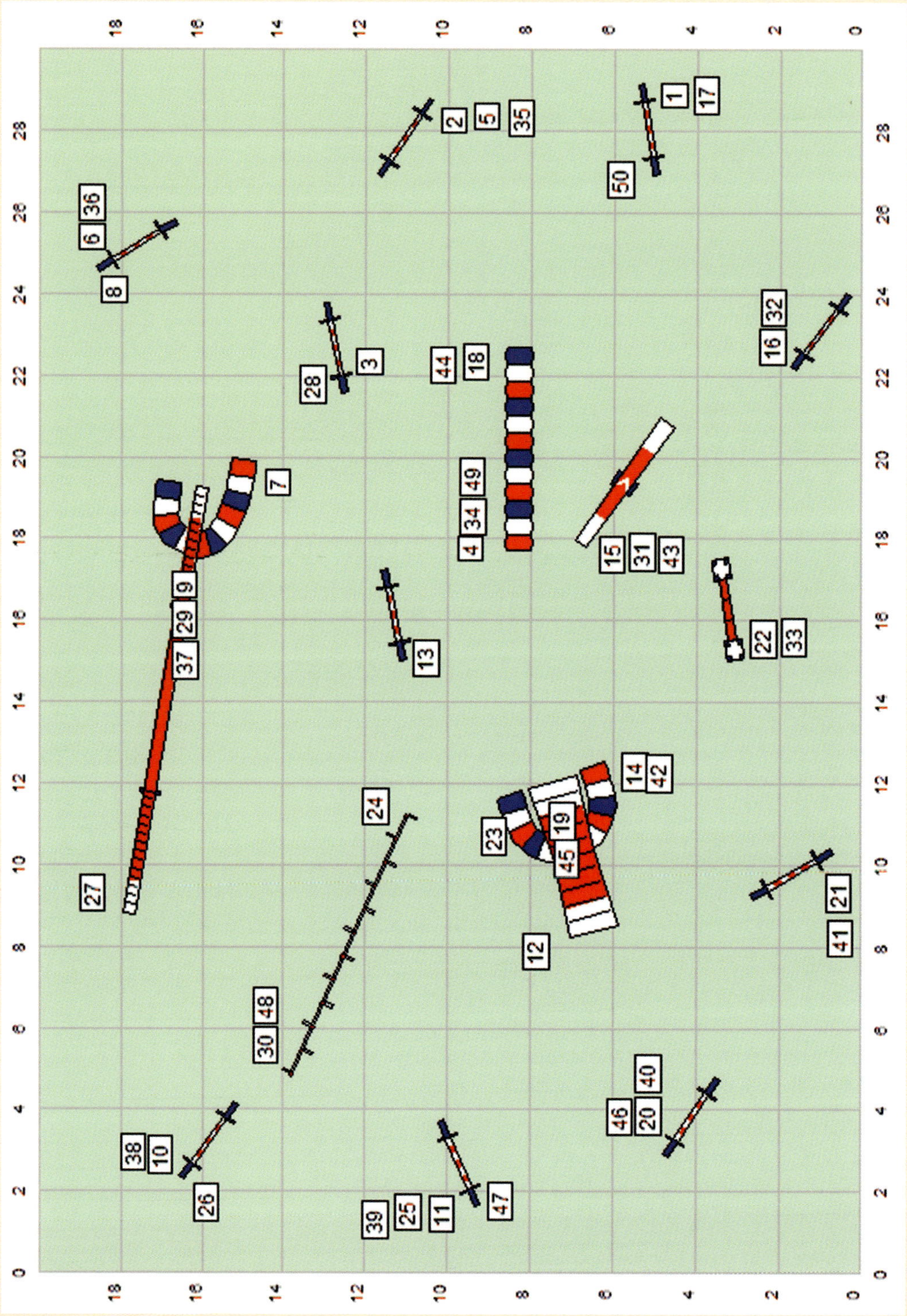
1 17
2 5 35
50
6 36
8
3
28
44 18
16 32
7
4 34 49
15 31 43
9 29 37
13
22 33
14 42
24
23
19 45
27
12
21 41
30 48
40 20 46
38 10
26
39 25 11
47

Optimale Lauflinie

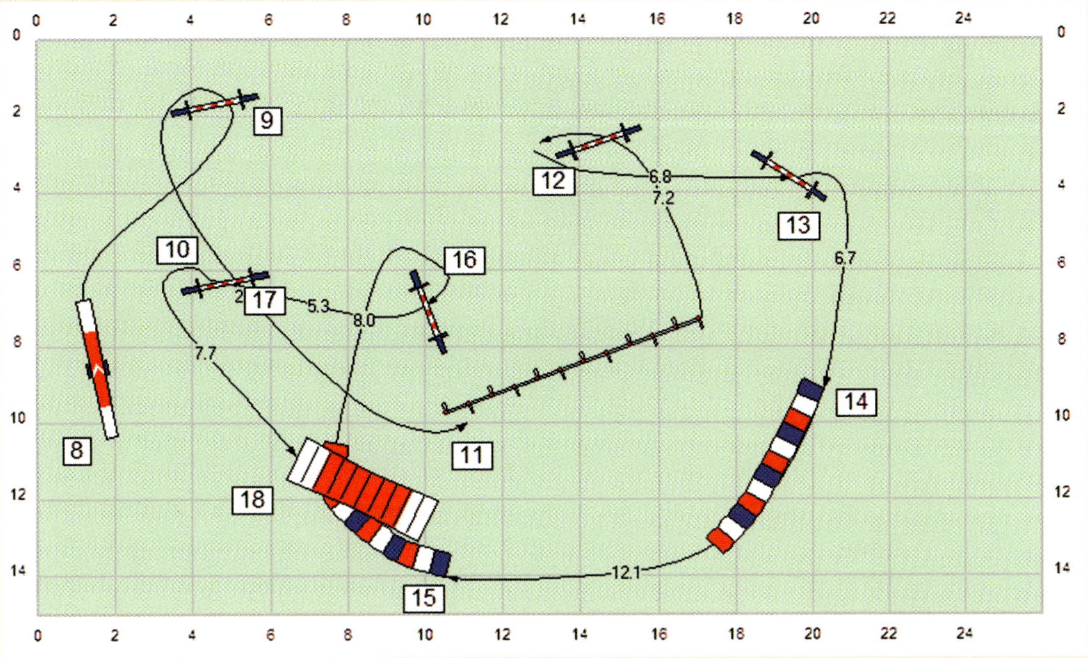

Schlechte Lauflinie

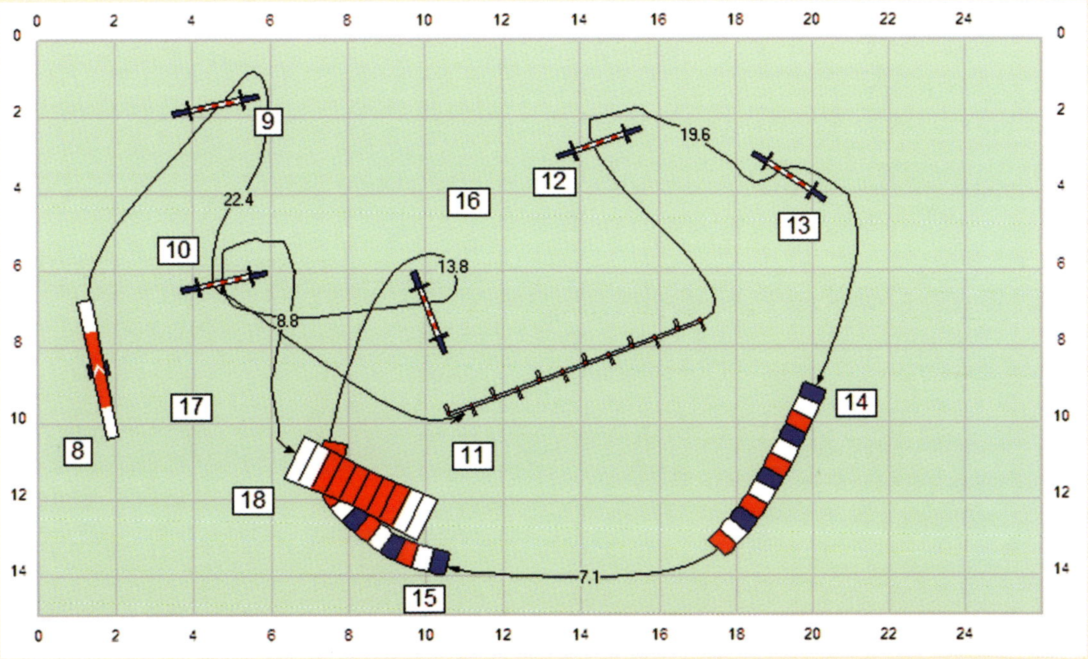

Sch... -Übung vor einem Sprung

Kurz vor Gerät 3 dreht sich der Hundeführer mit der linken Schulter gegen den Hund, legt die rechte Hand zur linken und gibt dem Hund ein »Sch...«. Der Hund wird bei den ersten vier, fünf Versuchen ganz gestoppt und enthusiastisch gelobt für sein Stoppen. Die Übung ist zu Ende, wenn der Hund vor der Hürde gestoppt hat. Wir wiederholen die Übung einige Male, bis wir bemerken, dass der Hund sein Tempo auf unser »Sch...« hin von selber rausnimmt.

Nun lassen wir ihn zur Belohnung Hürde 3 springen und loben ihn wieder sehr überschwänglich. Achtung mit einer ganz ruhigen Bewegung über die Hürde schicken. Es ist als würde man einen Hund an der Nase nehmen, hochheben und auf der anderen Seite der Hürde wieder ruhig hinstellen. So geht es nun weiter von Wendung zu Wendung. Zu Anfang muss sich der Hundeführer sehr gut positionieren können, damit er immer vor dem Hund bei der Hürde ist und sich auf sein Ausatmen beim »Sch...« konzentrieren kann. Es braucht viele Wiederholungen, bis der Hund lernt, sein Tempo auch dann auf das »Sch...« rauszunehmen, wenn der Hundeführer hinter ihm rennt. Am Anfang passiert es oft, dass der Hund zwar bremst, aber die Hürde vor ihm nicht mehr nimmt. Einfach die Hürde nochmals ansagen und danach loben. Der Hund wird nach weiteren Wiederholungen lernen, dass das »Sch...« Tempo rauszunehmen bedeutet und das Gerät vor ihm trotzdem noch zu absolvieren ist.

Es ist sehr wichtig, dass diese »Sch...«-Übungen konsequent und ruhig gemacht werden. Es braucht kein hartes »Sch...«, sondern ein weiches, bei dem der Hundeführer ausatmet. Ein Hund, der kurzspringen kann, spart auf dem Parcours viel Zeit und belastet seine Gelenke viel weniger.

Slalom

Sichere Slalomeingänge aus allen Winkeln, Slalom eng geführt und aus Distanz geführt sind absolute Fleißarbeit. Je öfter ich den Slalom übe, umso sicherer wird mein Hund auf dem Gerät arbeiten. Aber aufgepasst: nicht übertreiben. Der Slalom verlang sehr viel Konzentration vom Hund und auch großen Körpereinsatz. Wenn ich die Möglichkeit habe, täglich am Slalom zu arbeiten, trainiere ich jede Seite etwa drei-/viermal beidseitig. Kann ich einmal wöchentlich üben, lasse ich den Hund bis zu acht-/neunmal pro Seite den Slalom durchlaufen.

Bei Slalomtrainings-Seminaren wird an diesen Geräten noch intensiver gearbeitet. Nach solchen Tagen empfehle ich den Teilnehmern, ihre Hunde sehr gut auszulaufen und eventuell ein paar trainingsfreie Tage einzulegen. Zum einen, um das Gelernte zu verarbeiten, und zum anderen, um dem Körper wieder etwas Erholung zu geben. Ausgiebige Spaziergänge und Schwimmen sind selbstverständlich immer gut.

Langjährige Erfahrungen beim Agility-Aufbau haben mir gezeigt, dass das Biegen des Körpers beim Slalomeingang vor allem bei sehr schnellen Hunden oft schwierig ist. Den Slalomaufbau mache ich grundsätzlich mit Gassenslalom und Bögen. Gleichzeitig übe ich aber mit meinem Junghund (mindestens 10 Monate alt) das Biegen an der Leine mit zwei Stangen und dem Clicker.

Ich führe den Hund an der Leine an meiner linken Seite an die zwei Stangen ran und clicke ihn für das Durchlaufen der zwei Stangen. Durch den »Click« wird der Hund seinen Kopf automatisch nach rechts zu mir drehen und schon haben wir die Biegung. Mache ich das einige Male, wird der Hund von sich aus durch die zwei Stangen laufen. Der »Click« kommt jetzt immer etwas später und nach wenigen Malen clicke ich genau in dem Augenblick, in dem der Hund den Kopf gegen mich dreht. Ab da gibt es den »Click« nur noch, wenn der Hund den Kopf gegen mich dreht. Ich kann nun die Winkel, in denen ich die zwei Stangen anlaufe, immer schwieriger machen. Für diese Arbeit setze ich kein Kommando, sondern bestätige ausschließlich die Körperdrehung des Hundes mittels Clicker und natürlich nach dem Clicken mit dem Leckerchen.

Nun gilt es, die Biegung auch rechts geführt anzutrainieren. Dazu brauche ich drei Stangen. Ich führe den Hund an der Leine auf meiner rechten Seite an die erste Stange heran. Ich stelle mich dabei so nah an die erste Stange, dass der Hund keine Möglichkeit hat, links um die erste Stange zu gehen. Der Hund bekommt den »Click« in dem Moment, in dem seine Nase rechts an der ersten Stange vorbeigeht. Ihr habt richtig verstanden: nur die Nase. Je kleinere Schritte ich clicke, um so schneller wird mein Vierbeiner verstehen. Durch den »Click« wird er den Kopf nach links drehen, schon kommt er mir durch die zwei Stangen entgegen und wird belohnt. Diese kurze Arbeit mache ich ein paar Mal. Nun führe ich den Hund wieder an die zwei Stangen ran, warte bis er mir durch die zwei Stangen entgegenkommt und mache dabei mit dem linken Fuß einen Schritt nach vorne an die zweite Stange heran. Mit der Leine führe ich ihn zwischen der zweiten und dritten Stange durch.

Auch diese Übung wiederholen wir mehrere Male. Der »Click« kommt nun erst, wenn der Hund den Kopf zwischen der zweiten und dritten Stange nach rechts dreht. Jetzt kann ich auch die Winkel auf der rechten Seite üben. Ich verwende kein Kommando für diese Übung und setze ausschließlich zwei Stangen für die linksgeführten Winkel und drei Stangen für die rechtsgeführten Winkel. Den eigentlichen Slalomaufbau trainiere ich mit der Gasse an. Wer sich mit dem Clicker nicht auskennt, sollte sich vorher beraten lassen. Dazu gibt es diverse Literatur. Richtig eingesetzt, ist dieses kleine Gerät ein geni-

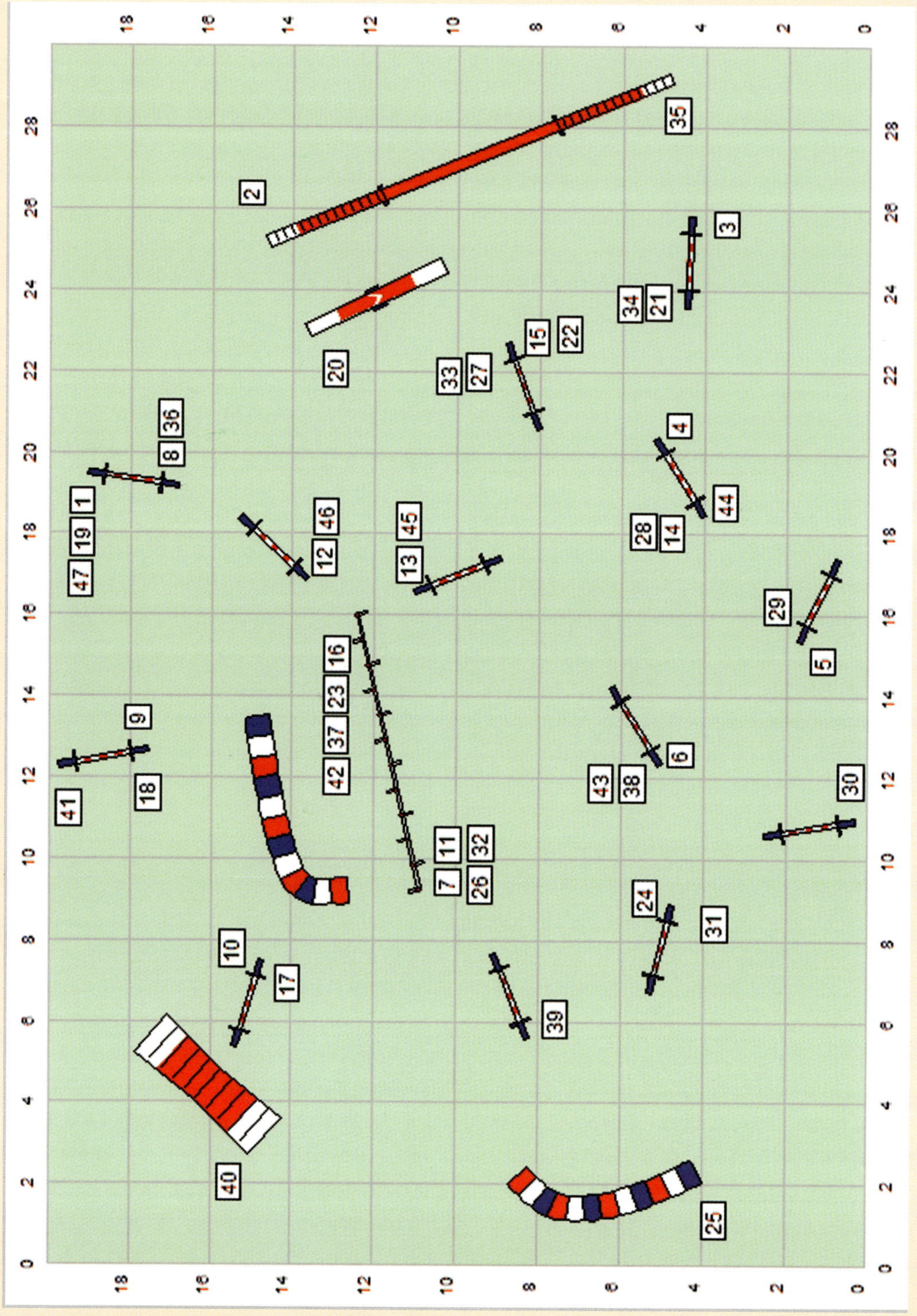
2
35
3
34
21
20
33
27
15
22
36
8
1
19
47
46
12
45
13
4
44
28
14
29
5
16
23
37
42
9
18
41
6
43
38
30
11
32
7
26
24
31
10
17
39
40
25

Ein perfekter Slalomeingang.

aler Helfer. Richtig eingesetzt, wohlgemerkt. Mit nachfolgender Übung (siehe Skizze Seite 156) arbeite ich sehr gerne, um den Hund den Slalomeingang suchen zu lassen, und um alle möglichen Winkel zu trainieren sowie den Slalom insgesamt zu festigen. Sei es mit verschiedenen Wechseln, mit Arbeiten nahe beim Hund oder mit Freestyling. Egal wie ich mich bewege, wohin ich laufe oder welche Ablenkung stattfindet, der Hund soll den Slalom bis zur letzten Stange sauber abarbeiten.

Am Anfang lasse ich die Bögen als Hilfe am Slalom und entferne sie dann nach und nach einzeln. Zeigt der Hund bei einem besonders schwierigen Eingang Probleme oder wenn ich mich vom Gerät absetzen will, bekommt er einfach wieder ein, zwei Bögen rein, bis das Gewünschte klappt. Dann baue ich die Bögen wieder ab.

Meine Hunde bekommen während des ganzen Slaloms immer wieder das Kommando »Slalom« und somit die Bestätigung, dass ihre Arbeit gut ist und sie damit weiterfahren sollen. Auch hier arbeite ich sehr viel mit dem Clicker. Grundsätzlich gilt: Nach jedem Click kommt ein Leckerchen. Ich weiche da ein wenig ab und clicke das Abarbeiten des Slaloms mit mehreren »Clicks« durch. Für meine Hunde heißt »Click«: Es ist gut, was du machst, mach weiter so. Das Leckerchen gibt es dann nach der zwölften Stange.

Eine tolle Slalomübung

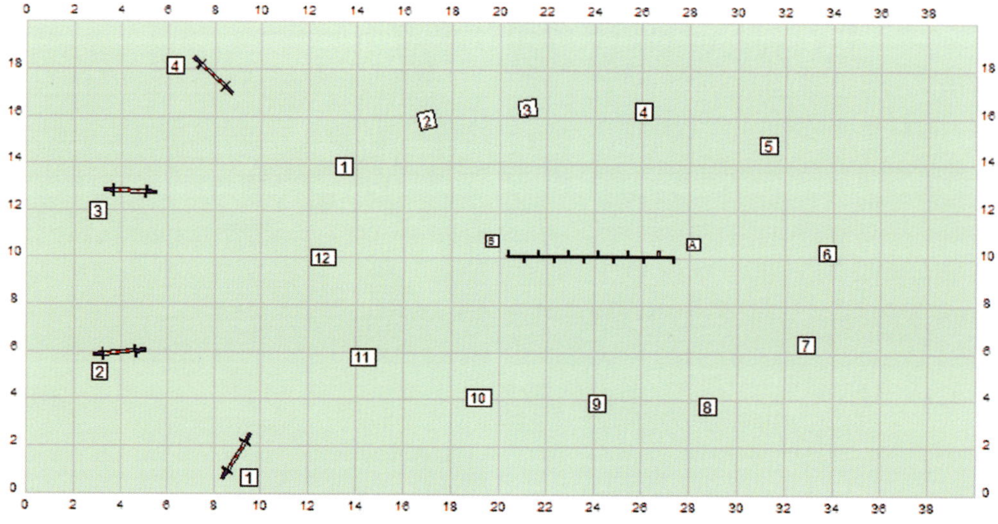

Wir arbeiten nach der Uhr. Von 12 und 1 bis 5 Hund rechts geführt (geschlossene Eingänge). Eingang immer bei A. Von 6 bis 11 kommt die Wiederholung, Hund immer rechts geführt, Eingang bei B. Kurze Pause! Wir machen die Sprünge von 1 bis 4, damit der Hund sich wieder streckt.

Nun kommen die offenen Eingänge 6, 5, 4, 3, 2, 1 Hund immer links geführt, Eingang bei A. Dann die Wiederholung. 12, 11, 10, 9, 8, 7 Hund immer links geführt, Eingang bei B. Am Schluss nochmals die Sprungreihe hin und zurück.

Das reicht für ein Tagestraining. Der Hund hat dabei den Slalom mindestens 24 Mal gemacht. Als weitere Übung kann man den Hund reinschicken und hinter ihm wechseln, den Hund über die Hand in den Slalom schicken und mit ihm auf die andere Seite wechseln, den Hund in der Zwölfuhrstellung anrufen und den Slalomeingang suchen lassen usw.

Die Parcoursbegehung

Die Parcoursbegehung beginnt, wenn der Richter mit dem Parcoursbau anfängt. Das Beobachten, wie er die Geräte setzt und die von ihm geplanten Wege abgeht, kann Aufschluss über das Führen des Hundes im Parcours geben. Wenn der Richter die Nummern setzt, merke ich mir den Parcoursverlauf und plane vom Parcoursrand aus meine Führlinie sowie die Wechsel, die ich einsetzen möchte. Bevor der Parcours zur Besichtigung freigegeben wird, weiß ich also schon genau, wo es langgeht und wie ich meinen Hund durch den Parcours führen will.

Beim ersten Ablaufen des Parcours gehe ich aber trotzdem alle Nummern der Reihe nach ab und versichere mich, dass ich kein Gerät bei der Parcourseinprägung von außen vergessen habe. Stimmt alles, überprüfe ich nun, ob der Parcours gemäß meiner Vorstellung geführt werden kann. Ich präzisiere meine Wechsel und schaue mir eventuelle Verleitungen und Gefahrenstellen an. Was sieht der Hund, wenn er aus dem Tunnel kommt? Geht es nach der Wand wirklich geradeaus weiter oder täuscht das von außen? Mache ich anstatt des geplanten Belgiers besser einen Franzosen? Etc, etc. Stimmt für mich alles, laufe ich den Parcours nun so oft ab, wie ich es für mich persönlich brauche, oder bis die Besichtigungszeit abgelaufen ist. Nach der Besichtigung gehe ich den Parcours x-mal im Kopf ab. Wenn ich später laufe, müssen jedes Gerätekommando und jeder Wechsel automatisch abrufbar sein. Der Parcours hat für mich verschiedene Punkte. Punkte, an denen ich meinen Hund aufnehme, auf seine Lauflinie bringe, losschicke und die Punkte, wo ich mich wieder mit dem Hund treffe und ihn auf die nächste Lauflinie bringe. Es ist sehr wichtig, dass ich konzentriert laufe und mit dem Kopf immer auf dem Gerät bin, das er gerade abarbeitet. Der Hund widmet mir 100% Aufmerksamkeit, also ist es sein volles Recht, das Gleiche auch von mir zu verlangen. Der kleinste Fehler von mir kann dem Hund eine falsche Information geben. Im Gegensatz zu uns startet er ja völlig ahnungslos und weiß nicht, wie der Parcoursverlauf ist.

Im Training ist es wünschenswert, oft Parcours von mehr als zwanzig Geräten am Stück zu trainieren (siehe Beispiele Trainingsparcours). Ist man gewohnt, sich über dreißig/vierzig Geräte lang zu konzentrieren, wird es am Turnier, wo man oft noch nervös ist, bei »nur« zwanzig Geräten einfacher.

IX. PROBLEMBEWÄLTIGUNG

Dieses Kapitel ist dazu gedacht, diverse festgefahrene »Fehler« zu beheben. Es handelt sich dabei um gesammelte Tipps und Tricks, die ich in meiner Agility-Laufbahn gehört oder die ich selbst ausgetüftelt habe. Oft ist der Clicker erwähnt. Bitte besuchen Sie vor der Arbeit einen Clickerkurs oder lesen Sie Bücher über diese Ausbildungsmethode. Wichtig jedoch ist, dass auf einen Click immer eine Bestätigung folgt.

ALEXANDRA ROTH

Zonengeräte

Aufgänge

Immer wieder stelle ich fest, dass der Hund dazu konditioniert wurde, den Aufgang zu springen. Aus lauter Angst, dass der Hund den Aufgang verpassen könnte, wird ein riesiges Problem daraus gemacht. Wenn der Hund ausgebremst wird, dann wird er seinen

Galoppsprung verkürzen und genau vor der Aufgangszone diesen wieder verlängern. So nimmt er genau deshalb einen größeren Satz und springt die Aufgangszone. Dem Hund wurde nun beigebracht, seine Galoppsprünge vor dem Gerät zu verkürzen und in der Phase der Beschleunigung (auf dem Gerät) größere Galoppsprünge zu machen. Genau dieser Ablauf ist das, was wir nicht haben möchten. Überspringt ein Hund einmal von zehn den Aufgang, würde mich dies nicht interessieren, da ich durch zu viel Üben auch Zonenfehler antrainieren kann. Im Aufbau von Avalon erwischten wir kaum einmal die Aufgangszone. Dann wurde er schneller und damit auch flacher. Mittlerweile starte ich seit 1,5 Jahren in der Large 3 und habe noch nie einen Aufgangsfehler bekommen. Oft müssen die Hundeführer bei mir im Aufbau im Training die Hunde zu mehr Tempo pushen und siehe da, meist springen sie dann mitten in den Aufgang.

Auch kommt es meist auf den Winkel an, mit welchem der Hund die Zonen betritt. Finden Sie heraus, bei welchen Distanzen und bei welchen Winkeln der Hund überhaupt springt, und konzentrieren Sie sich nur auf die Winkel, welche dem Hund auch Probleme verursachen.

Lösungsvorschläge

Spielen auf der Zone:

Setzen Sie Ihren Hund einige Meter vom Laufsteg entfernt hin und lassen ihn warten. Sie selber setzen sich auf den Laufsteg und zwar oberhalb der Zone. Rufen Sie nun Ihren Hund zu sich. Er wird jetzt mit den Vorderpfoten mitten in der Zone stehen. Spielen Sie ausgiebig mit Ihrem Hund. Die meisten Hunde möchten so schnell wie möglich ans Ende des Laufsteges. Mit dieser Übung wird dem Hund vermittelt, dass es auch Spaß macht, sich für den Aufgang zu interessieren. Wenn diese Übung einige Male absolviert wurde, sitzen Sie nicht mehr auf der Zone, sondern stehen daneben und schauen in Richtung des Hundes. Die Übung bleibt genau die gleiche, sobald der Hund die Aufgangszone erreicht hat: Spielen Sie wiederum ausgiebig mit ihm und lassen ihn nicht den ganzen Laufsteg absolvieren. Als weiterer Schritt stehen Sie so, dass Sie in die gleiche Richtung wie der Hund stehen. Manchmal spielen Sie mit dem Hund und manchmal lassen Sie ihn den Laufsteg machen. So weiß der Hund nie, was ihn erwartet.

Nachteil: Diese Übung eignet sich vor allem für junge Hunde, die noch gar nicht die ganzen Geräte kennen und für Hunde, die nicht wirklich ein Zonenproblem haben, sondern ab und zu diese nicht treffen. Für Hunde, die ein wirkliches Problem haben (also regelmäßig die Zone springen) ist diese Übung etwas zu inkonsequent.

Blockieren oder Galoppsprung brechen:

Einen Augenblick bevor der Hund auf die Zone trifft, dreht sich der Hundeführer kurz gegen den Hund. Mit dieser Körperbewegung wird der Hund für einen Moment gebremst und bricht seinen Galopp oder ändert kurz die Gangart und wird so in die Zone stehen.

Wenn man hinter dem Hund ist, wenn dieser auf den Aufgang zugeht, bleibt man einen Moment zurück und bleibt stehen. Auch dies bewirkt beim Hund, dass er seinen Galoppsprung bricht, d.h. durch seine Reaktion wird er einen kleineren Galoppsprung machen und diesen somit genau in die Aufgangszone springen. Zusätzlich kann man diesen Vorgang mit einem Kommando unterstützen.
Nachteil: Diese Variante ist extrem davon abhängig, ob der Hundeführer im richtigen Moment die Drehung absolviert. Ist das Timing nicht richtig und der Hund wird beispielsweise zu früh gebremst, wird er erst recht nicht in die Zone stehen. Der Hund kann mit dieser Variante dazu konditioniert werden, die Zone jedes Mal zu überspringen. Wenn das Timing des Hundeführers nicht ganz genau stimmt, wird der Hund trotzdem die Zone überspringen. Vor allem große Hunde lernen, vor dem Gerät zu bremsen. Dadurch, dass sie das Gerät wieder anlaufen möchten, machen sie in der Beschleunigungsphase größere Galoppsprünge. Somit ist die Wahrscheinlichkeit, dass die Zone übersprungen wird, noch größer. Nichtsdestotrotz kenne ich Teams, die mit dieser Methode ihre ganze Agility-Karriere überstanden haben.

Taktstange Weitsprungteil:
Diese Variante eignet sich vor allem für Hunde, die sich noch im Aufbau befinden. Das Weitsprungteil wird ca. zwei Fußlängen (Größe 38) vor der Zone hingestellt. Probieren Sie die Distanz bitte etwas aus, oft treffen es in etwa diese zwei Schuhlängen. Der Hund muss jetzt vor dem Weitsprungteil abspringen und wird deshalb genau in der Zone landen. Dieses Verhalten wird dann geclickt. Der Hund hat so eine Chance, seinen Anlauf und seine Galoppsprünge zu automatisieren.
Nachteil: Auch wenn diese Möglichkeit bei jedem Training angewandt wird, kann es sein, dass der Hund ohne Weitsprungteil wieder in seinen alten Rhythmus zurückfällt und somit wieder die Zone überspringt. Da ich das Prinzip vertrete, dass im Training und im Wettkampf (vor allem optisch) dieselben Bedingungen herrschen sollten, wird der Hund sich eventuell auf eine optische Bedingung einstellen, die im Wettkampf wegfällt, und dies erschwert dem Hund den Lernprozess. Nichtsdestotrotz habe ich diese Methode schon oft erfolgreich im Aufbau bei Malis und ähnlich großen Hunden angewandt und trotz Abbau des Weitsprungteils hatten diese Hunde danach keinerlei Mühe, den Aufgang zu treffen.

»Hoop«:
Ein Bogen zum Beispiel aus PVC-Rohr wird beim Aufgang hingestellt. Dieser wird so hoch gewählt, dass der Hund sich etwas (nicht zu viel) ducken muss. Dadurch ist es gar nicht möglich, den Aufgang zu überspringen. Die Duckbewegung wird jedes Mal geclickt, so dass der Hund diese Bewegung automatisiert. Er wird in dieser Körperhaltung auf die Zonengeräte kommen und somit den Aufgang treffen.
Nachteil: Wie bei der Taktstange.

Futter:
Futter wird auf den Aufgang gelegt. Beachten Sie bitte, dass das Futter nicht zu weit unten liegt, sonst wird der Hund mit den Vorderläufen auf dem Gras stehen und, nachdem er das Futter gefressen hat, einen Riesensatz machen und die Zone überspringen.
Nachteil: Hunde sind nicht dumm. Da es auf

dem Turnier nie Futter gibt, wird sich der Hund genau dies merken. Er wird vielleicht im Training das Futter fressen, aber auf dem Turnier den Aufgang unter Umständen ignorieren.

Target:
Dem Hund wird beigebracht, mit der Pfote ein Stück Teppich zu berühren. Dies wird nun auf der Zone angebracht. Der Hund soll jetzt seinen Galoppsprung so einteilen, dass er dieses Teppichstück berührt. Der Teppich wird nach und nach verkleinert, aber der Hund jedes Mal für das Berühren der ersten Klimmlatte geclickt (Beispiel). Somit ist dies eine Möglichkeit, dass der Hund im vollen Galopp in die Zone laufen kann.
Nachteil: Bei nicht konsequenter Ausführung wird der Hund den Aufgang bald wieder überspringen.

»Two on two off«:
Sowie der Hund beim Abgang mit zwei Pfoten auf dem Boden und mit zwei Pfoten auf dem Gerät stehen soll, wird dies genau gleich gehandhabt wie beim Aufgang, nur andersrum. Bei jedem Betreten des Geräts wird der Hund genau in dieser Position angehalten. Der Hund wird schon mit den Vorderpfoten auf den Laufsteg gestellt, und so wird nur der Laufsteg absolviert. Danach stellt sich eine Hilfsperson hin und füttert den Hund auf der gewünschten Stelle. Die Übung kann auch mit dem Target kombiniert werden, bis der Hund weiß, wo er welche Position einnehmen soll. Diese Position wird mit einem Kommando wie »Steh« unterstützt.
Nachteil: Eine der langsameren, aber dafür sicheren Methoden. Für mich der letzte Schritt, denn wird dies nicht konsequent im Turnier angewandt wie im Training, wird der Hund bald springen.

So muss der Hund den Aufgang selber suchen.

Sprungausleger (-flügel):
Vielen Hunden ist gar nicht bewusst, dass es auch wichtig ist, den Aufgang zu berühren, da die ganze Aufmerksamkeit auf dem Abgang liegt. Links und rechts des Aufganges werden Sprungausleger hingestellt. Auch bei einem geraden Anlauf wird der Hund aufgrund des »Trichters« etwas verlangsamen, da er nicht einfach »volle Kanne« durchrennen kann. In genau dem Moment, in dem der Hund den Aufgang berührt, wird er geclickt. Mit dieser Methode ist es auch möglich, dem Hund beizubringen, die Laufstegaufgänge selbst zu suchen. Auf diese Weise wird der Hund lernen, dass das Gerät einen Anfang und ein Ende hat.
Nachteil: Dies ist keine wirkliche Methode, dem Hund das Springen abzugewöhnen, sondern dient lediglich dazu, ihm bewusst zu machen, dass auch der Aufgang wichtig ist. Vielen Hunden lässt sich so aber eine erfolgreiche Absolvierung des Aufgangs beibringen.

Abgänge

Eigentlich sind alle Methoden, die vorher beim Aufgang beschrieben wurden, auch beim Abgang durchführbar. Es spielt eigentlich auch keine Rolle, für welches System man sich entscheidet. Wichtig ist aber bei jeder Variante die Konsequenz. Die meisten Probleme entstehen erst durch inkonsequente Arbeit an den Turnieren.

»Hoop«:

Ein Bogen aus PVC-Rohr wird beim Abgang hingestellt. Dieser wird so hoch gewählt, dass der Hund sich etwas (nicht zu viel) ducken muss. Dadurch ist es gar nicht möglich, die Zone zu überspringen. Die Duckbewegung wird jedes Mal geclickt, so dass der Hund diese Bewegung automatisiert, in dieser Körperhaltung auf die Zonengeräte kommt und somit die Zone treffen wird. Diese Methode haben wir schon oft, vor allem mit kleineren Hunden, bei der Wand angewandt.

Nachteil: Dieser Bogen muss abgebaut werden und ist optisch ersichtlich. Steht dieser dann nicht bei der Zone, kann es sein, dass der Hund nicht in die erwünschte Duckhaltung kommt.

Futter in der Hand:

Der Hundeführer hat Futter in der Führhand. Hat er dieses in der Gegenhand, kippen die Hunde oft auf der Zone seitlich mit den Hinterläufen weg. Auch ist es auf diese Weise je nach Parcoursverlauf nach der Zone schwierig, das nächste Gerät anzuzeigen. Der Hundeführer »zieht« den Hund nun mit dem Futter in der Hand über die Zone. Der Hund wird der Hand folgen und somit die Zone treffen. An einem Wettkampf kann der Hundeführer die Hände vor dem Lauf mit Würsten »einreiben«, damit der Hund denselben Geruch wie im Training vorfindet.

Nachteil: Der Hundeführer muss immer vor dem Hund sein, sonst wartet der Hund entweder oder er springt die Zone. Wenn die Hand nicht wirklich entlang der Zone geführt und zu früh wieder hochgehoben wird, um das nächste Gerät anzuzeigen, wird der Hund eventuell springen.

Target

Dem Hund wird beigebracht, mit der Pfote ein Stück Teppich zu berühren. Dieses wird nun auf der Zone angebracht. Der Hund soll seinen Galoppsprung so einteilen, dass er dieses Teppichstück berührt. Der Teppich wird nach und nach verkleinert, aber der Hund jedes Mal für das Berühren der zum Beispiel letzten Klimmlatte geclickt. Somit ist dies eine Möglichkeit, dass der Hund im vollen Galopp in die Zone laufen kann.

Nachteil: Bei nicht konsequenter Ausführung wird der Hund die Zone bald wieder überspringen. Wie bei fast jeder Variante der »Running Contacts« braucht dies ein extrem gutes Auge, denn wird der Hund falsch geclickt, nützt das keinem etwas.

»Two on two off«:

Der Hund soll beim Abgang mit zwei Pfoten auf dem Boden und mit zwei Pfoten auf dem Gerät stehen. Eine Hilfsperson stellt sich hin und füttert den Hund auf der gewünschten Stelle. Die Übung kann auch mit dem Target kombiniert werden, bis der Hund weiß, wo er welche Position einnehmen soll. Diese Position kann mit einem Kommando unterstützt werden. Dies ist die geläufigste und sicherste Variante von Zonenarbeit

Erschwertes Training auf der Kontaktzone:
Steht ein Hund im Training beispielsweise auf Kommando schön brav auf der Kontaktzone und wartet, erschwere ich ihm die Bedingungen. Hier einige Beispiele: Der Tunnel oder ein anderes Lieblingsgerät wird bis zu einem Meter an den Abgang hingestellt. Eine Futterschüssel für verfressene Hunde oder Spielzeug für verspielte Hunde einen Meter hinter der Zone. Obwohl der Hund nun gerne möchte, soll er sich auf die Zonen konzentrieren und erst auf das Auflösekommando das nächstfolgende Gerät machen oder Spielzeug holen, etc. Stellen Sie bitte sicher, dass jemand in der Nähe der Ablenkung steht, damit sich der Hund für ein Fehlverhalten nicht selbst bestätigen kann. Das heißt, die Hilfsperson stellt sich vor den Tunnel, tritt auf das Spielzeug oder nimmt das Futter weg.

Allgemeine Probleme

Der Hund bleibt auf dem Scheitelpunkt der Wand stehen:
Immer wieder ist zu beobachten, dass Hunde oben auf dem Scheitelpunkt der Wand stehen bleiben. Erfahrungsgemäß liegen folgende Gründe vor: Zu viel Druck vom HF bei der Zone, dadurch reagiert der Hund mit Meideverhalten. Er hat noch nicht begriffen, was von ihm auf der Zone erwartet wird und ist unsicher. Oder es liegt ein medizinisches Problem vor. Die Methode »two on two off« setzt eine starke Schulter-, Rücken- und Bauchmuskulatur voraus und kann nur unter Schmerzen eingenommen werden, wenn Schulter- oder Rückenprobleme vorliegen. Auch Hunde, die Probleme mit der Hinterhand haben, tun sich schwer, da sie ja die Hinterhand zum Bremsen brauchen, und dies dann auch nur unter erschwerten Bedingungen funktioniert. Bei nicht medizinischen Gründen versuchen Sie, einige Schritte zurückzugehen, weniger Druck auszuüben und beispielsweise mit einem Spielzeug zu arbeiten, damit der Hund die Zone als etwas Tolles empfindet.
Sobald der Hund dieses Verhaltensmuster an den Tag legt, halte ich eine Stange in ca. 10 cm Abstand am Anfang des absteigenden Teils hin. Für den Hund ist dies beim Erklimmen der Wand nicht ersichtlich. Weil dieses »Fremdobjekt« jedoch so positioniert ist, wird der Hund gezwungen, darüber zu springen. Das heißt, Sie lassen ihm gar keine Möglichkeit, auf dem Scheitelpunkt stehen zu bleiben, weil er gar keinen Halt mit den Pfoten hat. Somit kann der Hund dieses Verhalten gar nicht langfristig ausführen und wird es wieder ablegen.

Der Hund geht zu langsam über den Laufsteg:
Legen Sie bei der Abgangszone ein Target mit Futter oder das Lieblingsspielzeug hin. Zeigen Sie dieses dem Hund, fassen Sie ihn am Halsband und »laden« Sie den Hund auf dem Weg zum Aufgang des Laufstegs auf. Motivieren Sie ihn. Nun führen Sie mit dem Hund das »Ready-Steady-Go-Spiel« aus. Wenn Sie vor dem Hund beim Abgang sind, nehmen Sie das Spielzeug oder das Futter mitsamt Target auf und rennen davon. Lassen Sie es gut sein, wenn der Hund jetzt die Zone nicht trifft, das ist nicht das Thema, hier möchten Sie nur Tempo. Man kann nicht an Genauigkeit und Tempo gleichzeitig arbeiten. Sollte der Hund auch nach mehrmaligen Versuchen nicht gewinnen, erleichtern Sie ihm die Arbeit, indem Sie kleinere Schritte machen und

so tun, als ob Sie schnell rennen würden. Geben Sie dem Hund die Chance zu gewinnen, denn er sollte immer mit einem positiven Erlebnis aufhören.

Der Hund bremst oder bleibt auf dem Laufsteg stehen:

Oft verwechseln die Hunde die Wippe mit dem Laufsteg und nehmen an, dass sie sich auf dem Wippe befinden. Meist bleiben sie auch genau beim Punkt stehen, an welchem die Wippe sich bewegen würde. Wenn man einmal auf die Knie geht, ist ersichtlich dass die beiden Planken genau gleich aussehen, außer dass der Laufsteg Klimmlatten aufweist und die Wippe zwei Kontaktzonen. Dies wird meist damit behoben, dass man bei dem Laufsteg ein Geräusch über das ganze Gerät macht, beispielsweise »Gsch-gsch-gsch«, damit der Hund sich an unserem Kommando orientieren kann.

Schlussbemerkungen

Das Allerwichtigste ist, dass bei einer Methode geblieben wird und mit ihr konsequent im Training sowie im Wettkampf gearbeitet wird. Das Schlimmste ist, ständig die Methoden zu wechseln. Das verwirrt den Hund und eine konstante Ausführung ist für ihn nicht möglich, da sowieso ständig etwas anderes verlangt wird. Auch sind dies keine Wundermethoden, denn hat der Hund erst mal gelernt zu springen, ist es schwer, ihm dies wieder abzugewöhnen und es braucht Zeit. Eine schlechte Angewohnheit lernt der Hund sehr schnell, sie ihm wieder abzugewöhnen dauert aber um vieles länger!

Wippe

Angst vor der Wippe

Einleitend kann ich sagen, dass ich viele Hunde kennen gelernt habe, die Fehlverknüpfungen auf der Wippe gemacht hatten.

Lösungen: Der Hund zögert auf der Wippe und bleibt stehen. Das Resultat ist, dass der Hundeführer einen Keks aus der Tasche nimmt und den Hund besticht, über die Wippe zu laufen. Hunde sind nicht blöd und merken sich sehr bald, dass sie durch ihr Zögern den Hundeführer veranlassen, einen Keks ins Spiel zu bringen. Dies ist ein klassisches Bestätigen, wie es auch beispielsweise beim Tierarzt etc. anzutreffen ist, nur ist sich der Hundeführer dessen nicht bewusst. Nehmen Sie entweder von Beginn an den Ball oder ein »Gutzi« in die Hand und führen den Hund so über die Wippe. Beim Zögern hilft es auch, dass man den Hund am Halsband nimmt und ihn mit sanftem Druck über die Wippe führt. Viele Hundeführer machen den Fehler, dass sie dem Hund davonlaufen, mit dem Resultat, dass der Hund von der Wippe springt. Stellen Sie sich folgende Situation vor: Ein Kind fürchtet sich im Wald. Wenn man das Kind alleine lässt, wird die Angst nun kleiner? Nein, sicher nicht! Genauso verhält es sich beim Hund; die Angst wächst, wenn er sich alleine fühlt. Bei vielen spielverrückten Hunden nützt es, den Ball in die Hand zu nehmen und den Hund zu locken (beachten Sie dieses Mal die Zonenarbeit nicht, Sie können nur an einer Sache arbeiten). Sobald der Hund die Wippe herunterdrückt, werfen Sie den Ball. Der Hund wird nun vielleicht auch die Zone überspringen; aber meiner Meinung nach sollte der Hund erst die Wippe motiviert laufen, bevor man sich an die Zonenarbeit macht. Bei Hunden, die nicht nur Unsicherheit, sondern wirklich Angst zeigen, muss man etwas behutsamer vorgehen. Am besten konditioniert man den Hund auf den Clicker. Ich möchte, dass der Hund nur das macht, was für ihn auch (unter Stress) möglich ist. Wichtig ist, dass die Wippe nie gekippt wird, solange der Hund nicht motiviert die Wippe hoch läuft. Stellen Sie einen Sprungflügel unter die Wippe, damit diese sich überhaupt nicht bewegen kann. So können Sie sich nur auf den Hund konzentrieren und nicht mehr auf den Kraftakt, die Wippe zu halten. Der Hundeführer führt den Hund nun auf die Wippe. Wenn der Hund zögert und die Wippe gar nicht betreten will, verlangen Sie vom Hund nur einen Schritt auf die Wippe und »click«, Futter, und der Hund darf von der Wippe weg, denn der Click beendet die Übung.

Gehen Sie immer so weit, wie es der Hund auch anbietet, dann verlangen Sie erst einen Schritt mehr. Er wird jetzt ein paar Mal die Pfoten auf die Wippe setzen, »click«, Futter und er darf von der Wippe weg. Verlangen Sie nun einen Schritt mehr. Wichtig bei dieser Methode ist, dass der Hund weder gelockt noch geködert wird. Er soll die Schritte von sich aus machen. Der Hund wird nun stehen bleiben und zögern, weil das reine Berühren der Wippe vorhin schon Erfolg brachte. Entscheidend ist, dass Sie den Hund an der Leine halten oder am Halsband festhalten, damit er auch nicht von der Wippe herunterspringen kann.

Warten Sie nun, locken Sie nicht, haben Sie Geduld. Der erste Schritt, den der Hund von sich aus macht, wird geclickt. Tragen Sie den Hund von der Wippe, lassen Sie ihn nicht runterspringen, er wird sich das sonst zur Gewohnheit machen. Nun lassen Sie den Hund wieder auf die Wippe gehen. Er wird an irgendeinem Ort stehen bleiben. Verlangen Sie immer einen Schritt mehr. Clicken Sie und heben Sie ihn wieder runter. Wiederholen Sie so schrittweise, bis der Hund ganz bis zum Ende läuft. Nun gehen Sie erneut einen Schritt weiter, indem Sie die Wippe ein kleines Stück runterkippen lassen, clicken und den Hund runterheben.

Es kann nun sein, dass der Hund wieder in der Mitte der Wippe stehen bleibt. Dann gehen Sie einen Schritt zurück und clicken ihn wieder jeden Schritt, bis er erneut bis ans Ende läuft. Wiederholen Sie diese Schritte, bis Sie die Wippe ganz herunterlassen können. Wichtig: Hören Sie nie mit dem Herunterlassen auf. Man könnte jetzt meinen, dass der Hund erfolgreich gearbeitet hat und man die Übung beenden sollte. Sie wissen jedoch nicht, ob dem Hund nicht zu viel Stress zugemutet wurde. Wenn Sie jetzt die Übung beenden, wird der Hund gestresst vom Gerät weggehen. Beenden Sie die Übung so: Wenn der Hund bis zum Ende der Planke läuft, füttern Sie ihn und tragen ihn dann runter. Es gibt Hunde, die sich davor fürchten, das Brett mit ihren Vorderbeinen runterzudrücken. Mit diesen Hunden gehe ich zum Wippenabgang und drücke mit den Füßen den Abgang herunter, bis noch eine Distanz von etwa 2 Zentimetern besteht. Lassen Sie nun den Hund mit mindestens einer Pfote die Wippe runterdrücken, clicken Sie und lassen ihn wieder vom Gerät weg. Dies ist ein Spiel, um dem Hund zu zeigen, dass er die Bewegung auslöst. Das kann bei einigen Hunden Wunder wirken. Es existieren verstellbare Wippenböcke, die man bis auf eine Höhe von 20 cm herunterstellen kann. Bevor der Hund nicht die eine Höhe stressfrei (das heißt, ohne irgendwelche Stresssignale wie Nase lecken) absolviert, erhöhen Sie nicht. Wenn man keinen solchen Wippenbock besitzt, kann man das

Problem auch mit zwei Tischen lösen. Der Aufgang der Wippe liegt auf dem Small-/Medium-Tisch und der Large-Tisch wird unter den Abgang gestellt, dadurch muss der Hund keinen so steilen Winkel hochlaufen und die Planke kommt beim Herunterkommen auf den Large-Tisch. Der Hund wird diese Situation einfacher meistern können, da die Planke nicht so weit heruntergelassen wird. Dies kann auch variiert werden, je nachdem, ob dem Hund das Kippen oder das Hochlaufen mehr Mühe macht. Dann kann man auch die zwei Tische austauschen. Die Planke wird logischerweise immer durch eine Hilfsperson festgehalten.

Lösungen bei Stangen reißen, Stangen unterlaufen

Variable Sprunghöhen:
Es lohnt sich, die Stangen im Training immer unterschiedlich hoch zu legen und die Abstände zu variieren. Der Hund lernt dadurch, sich auf das Hindernis zu konzentrieren und sich dementsprechend auf jeden Sprung neu einzustellen. Bereits innerhalb kurzer Zeit ist zu beobachten, dass der Hund die Sprunghöhe genau der tatsächlichen Stangenhöhe anpasst.

Einen Schritt zurück mit der Sprunghöhe:
Man beginnt damit, dass man die Stangenhöhe wieder weiter herunterstellt. Vielleicht wurde der Hund mit der Erhöhung der Stangen überfordert. Als feste Regel gilt: Wenn man mit einem jungen Hund etwas Neues übt, legt man die Stangen wieder tiefer, damit der Hund nicht durch Überforderung an die Stangen schlägt.

Für weitere Tipps sehen Sie bitte unter Kapitel 4 Sprungtechnik nach.

Slalom

Falsches Einfädeln:

Bei einem offenen Eingang (also links geführt) laufen Sie auf die zweite Stange zu, bis der Hund richtig im Slalom eingefädelt hat. Im Extremfall umfassen Sie die zweite Stange mit einer Hand. (Vorsicht: Im Wettkampf kein Gerät anfassen!) Beim geschlossenen Eingang (also rechts geführt) laufen Sie auf die erste Stange zu, bis der Hund um die erste Stange herumläuft. Für Hunde, die mit Bögen aufgebaut sind, lohnt es sich, diese wieder zu benutzen. Somit lernt der Hund, die Eingänge selbständig abzuarbeiten.

Der Hund überspringt eine Stange:

Meistens ist der Hundeführer zu weit vorne, und der Hund versucht, ihn einzuholen. Oder der Hundeführer treibt den Hund zu stark an und der Hund fällt aus dem Rhythmus. Bleiben Sie zu Beginn auf Schulterhöhe des Hundes.

Der Hund ist zu langsam:

Hunde, die auf der Gasse oder dem V-Slalom aufgebaut wurden, sollten wieder auf diese Trainingsgeräte zurück. Wenn der Hund nur auf dem geraden Slalom gearbeitet hat, führen Sie folgende Übung einfach mit dem geraden Slalom durch. Halten Sie ihm dabei ein »Gutzi« oder Spielzeug vor die Nase. Spielen Sie nach dem Slalom mit dem Hund oder geben Sie ihm das »Gutzi«. Wenn der Hund im Slalom schon sicher ist, stellt sich eine Hilfsperson hinter den Slalom. Der Hund erhält das »Gutzi« nur, wenn er den Slalom richtig absolviert hat. Strafen Sie den Hund nicht, wenn er jetzt Fehler macht. Dadurch, dass er schneller arbeitet, fällt er vielleicht auch aus dem Rhythmus, das ist durchaus okay. Meine Reaktion wäre dann: »Ui-fast« ... Sofort wird der Hund wieder motiviert und zum Slalomeingang zurückgebracht. Stellen Sie sich vor, Sie blasen einen Luftballon zu schnell auf: Er wird platzen. Wenn Sie dem

Vergleichen Sie den Blick. Einer dieser Hunde wird zu früh aus dem Slalom kommen.

Der Pudel wurde auf dem V-Slalom aufgebaut: Er springt seitwärts und ist langsamer.

Der Sheltie springt nach vorne und ist schneller – er wurde auf dem Gassenslalom aufgebaut.

Material aber Zeit lassen, sich auszudehnen, können Sie den Ballon viel größer aufblasen. Handhaben Sie es mit dem Agility genauso. Suchen Sie immer wieder das Limit, und versuchen Sie, wenn der Hund sich sicher fühlt, dieses wieder etwas auszudehnen.
Einige Hunde mögen es, wenn man »Äffchen« macht. Das heißt, diese Hunde suchen die »Wettrennsituation«. Wenn Sie vorweg laufen, ist diese für den Hund nicht mehr gegeben. Im Gegenteil: Er fängt an, Tempo abzubauen, da ein Wettrennen nicht lustig ist, wenn der Gegner schon sehr weit vorne ist. Geben Sie dem Hund also das Gefühl, dass auch Sie kämpfen. Stellen Sie sich seitlich zum Slalom. Schicken Sie den Hund in den Slalom. Beugen Sie sich dabei etwas vor und hüpfen Sie auf und nieder. Machen Sie dabei wilde Geräusche (also wie ein Affe). Versuchen Sie dabei nicht zu große Schritte zum Slalomende zu machen, sondern bleiben Sie auf der Höhe seiner Schultern. Tun Sie so, als würden auch Sie sich abmühen. Somit erhalten Sie die »Wettrennsituation« für den Hund aufrecht. Sie können nun den Hund mit Ihrer Hand am Hinterteil kurz spielerisch anstupsen. Das mögen aber nicht alle Hunde. Versuchen Sie dieses Spiel erst ohne Slalom, damit der Hund es nicht als Bedrohung, sondern als Spiel auffasst. Manchmal lohnt es sich, auch nur den halben Slalom einzusetzen. So ist es für den Hund weniger anstrengend.

Der Hund kann den Slalom nur linksgeführt:
Immer wieder haben Teams das Problem, dass die Hunde nur linksgeführt aufgebaut wurden. Diese Problematik erschwert sich, wenn der Hund gleich auf dem normalen Slalom angelernt wurde. Gehen Sie einen Schritt zurück (V-Slalom, Bögen oder Gasse) und üben den Slalom auch rechtsgeführt.
Wenn der Hund nur den geraden Slalom kann, stellt sich eine Hilfsperson auf der rechten Seite des Slaloms hin. Der Hundeführer hat den Hund rechtsgeführt und schickt ihn in den Slalom. Nun läuft die Hilfsperson auf der anderen Seite mit. Somit hat der Hund die Sicherheit, dass auf seiner gewohnten Seite jemand mitläuft. Bei vielen Hunden funktioniert diese Variante. Die Hilfsperson entfernt sich bei Erfolg immer weiter vom Slalom und verschwindet dann ganz.

Der Hund kommt zu früh aus dem Slalom:
Sollte sich der Hund noch im Aufbau befinden, gehen Sie bitte einen Schritt zurück. Der Hund kann noch nicht ohne Hilfsmittel arbeiten. Viele Hundeführer tendieren dazu, den Slalom mental schon bei der zehnten oder elften Stange zu beenden. Oft machen Sie dann einen größeren Schritt nach vorne oder schauen schon nach vorne auf das nächste Gerät. Versuchen Sie, sich eine 13. und sogar eine 14. Stange hinzuzudenken. So bleiben Sie so lange konzentriert, bis der Hund zu Ende gearbeitet hat.
Oft ist für den Hund die Verleitung nach dem Slalom zu groß: Tunnels zum Beispiel ziehen den Hund magisch an und er kann sich nicht bis zum Ende konzentrieren. Stellen Sie im Training den Tunnel oder andere interessante Geräte etwas weiter weg oder stellen Sie eine Hilfsperson vor dem Tunnel ab.
Vergessen Sie nicht, Ihren Hund ausgiebig zu loben, wenn er den Slalom perfekt gearbeitet hat.

DIE AUTORINNEN STELLEN SICH VOR

Alexandra Roth

Alexandra Roth betreibt Agility seit 1990 und ist Richterin mit internationalem Status. Seit 1997 betreibt sie ihre eigene Hundeschule. Sie ist seit 2002 vollberuflich im Agilitysport tätig.

www.magicpaws.ch
alexandra.roth@gmx.ch

Cindy

Cindy (19.01.1990–14.03.2007)

Cindy war nicht immer leicht zu führen. Ihre Motivation hielt sich manchmal sehr in Grenzen. Damals war der Aufbau noch ganz anders. Ich habe persönlich und für die Kurse vieles dazugelernt und die Methodik verändert. Die Erfolge waren hart erkämpft. Ich bin oft den »hard way« gerannt und habe mich abgestrampelt. Diese Zeit möchte ich um nichts in der Welt missen. Ich danke ihr als gutem und strengem Lehrmeister.

- 3. Rang Schweizer Meisterschaft 1997
- »Agility-Dog-of-the-year« weltweit und in der Schweiz 1997
- 2. Rang Welt-Cup Finale 1997 sowie diverse Erfolge national

Djassi

Djassi (31.10.1996–11.11.2010)

Sie war der Hund meines Vaters. Ein lustiger Hund, der lauter Flausen im Kopf hatte. Leider musste sie sehr bald wegen eines Rückenproblems mit dem Agility aufhören.

Jamie (17.06.1998)

Ein Traumhund. Es gibt nichts, was sie nicht kann ...

- 3. Rang Schweizer Meisterschaft 2003
- Vizeweltmeister Jumping WM 2003
- Vize-Team-Schweizermeister 2003
- Nationalmannschaftsmitglied 2003, 2004 und 2005
- Team-Schweizermeister 2004
- Finalteilnehmer European Open 2004, Sieger Jumping Small
- 2. Rang European Open in Zürich 2005, Sieger A-Lauf, 2. Jumping
- Schweizermeister 2006

Jamie

Centa (26.03.2000)

Der Hund meines Vaters. Bei Centa kann man noch so viele Fehler machen, sie macht immer alles richtig. Sie lässt sich sehr einfach führen und ist wohl der Traum aller Hundeführer.

- 2. Rang Schweizer Meisterschaft 2003
- 1. Rang Jumping Welt-Cup Finale 2003 und 2005
- Team-Schweizermeister 2003, 2004, 2005
- 3. Rang Schweizer Meisterschaft 2004
- Schweizermeister 2005
- Finalteilnehmer European Open 2004 (2. Jumping Medium) und 2005 (2. Jumping Medium)
- Schweizermeister 2007
- Vize-Schweizermeister 2008

Centa

Indiana (15.07.2001)

Ein Spätzünder und strenger Lehrmeister. Mittlerweile sind wir zu einem guten Team zusammengewachsen ... Mit 8 wurde Indiana aus gesundheitlichen Gründen vom Agi-

Indiana

lity pensioniert, aber als ausgebildeter Herdengebrauchshund hütet sie heute die 100 Schafe mit meinem Nachbarn.

- EO-Qualifikation 2007

Crumb (02.07–24.06.2007)

Nach dem Aufstieg in die A3 musste er leider pensioniert werden. Ich musste ihn viel zu früh auf grund eines Rückenleidens gehen lassen.

Crumb

Paiute (15.12.2004)

Ein lustiger Hund und immer nur fröhlich. Der perfekte Hund, wenn man Spaß haben möchte. Leider hat Paiute sehr schlechte Hüften und musste mit 5 Jahren pensioniert werden. Heute machen ihr Obedience und Mantrailing viel Spaß.

- EO-Qualifikation 2008
- Finalteilnahme Schweizermeisterschaft 2008

Paiute

Driven (26.02.2006)

Man nennt ihn auch »die Zunge«. Der absolute Traumhund, wenn es um das Arbeiten geht, im Alltag jedoch etwas anstrengend. Er kann alles und ist absolut zuverlässig. Er ist auch in Mantrailing und Obedience ausgebildet.

- EO-Qualifikation 2008
- Finalteilnahme Schweizermeisterschaft 2009 und 2011

Driven

Avalon

Tyrone

Jojo

Avalon (30.08.2007)

Mein Engel, bodenständig und unerschrocken - mein Seelenverwandter.

Er ist auch zum Herdengebrauchshund ausgebildet.

- Finalteilnahme Schweizermeisterschaft 2010

Tyrone (13.06.2008)

Nicht ganz einfach im Aufbau und ein harter Lehrmeister, mittlerweile ein zuverlässiger Begleiter und guter Agilityhund. Er ist ebenfalls zum Herdengebrauchshund ausgebildet.

Jojo (15.11.2008)

Ein Pudel voller Flausen. Erst seit Juli 2011 bei mir, mischt er das Rudel auf und ist für jeden Spaß zu haben. Bereits nach 8 Agility-Wettkämpfen startet er in der Klasse 3.

Styx (18.01.2010)

Die kleine Sachertorte aus Österreich. Sie ist derzeit noch im Aufbau.

Styx

Regula Tschanz-Haas

2012 sind es 20 Jahre, dass ich Agility betreibe. Noch immer fasziniert mich dieser Sport. Ein Sport der nicht nach dem Alter des Hundeführers fragt. Im Gegenteil: Agility kann man von Kindsbeinen an bis ins hohe Alter machen. Agility macht Spaß – jedoch nur als gut ausgebildetes Team. Ich bin ehrlich, ich laufe keine Turniere aus Spaß, nein, ich laufe Turniere um Ziele zu erreichen. Das ist nicht zwingend der erste Platz. Es kann einfach ein schöner Nullfehler-Lauf sein oder zeitlich möglichst nahe an den Sieger heranzukommen.

Alle Hunde – meine wie Eure – sind alle Unterschiedlich. Einer hat das Potential, um ganz nach oben zu kommen, ein anderer gibt alles was er kann, aber schafft es einfach nicht ganz nach vorne. Auch das muss ich anerkennen. Ein Hundeführer mit 50 Jahren kann sich wohl mit einem 20jährigen Athleten messen, aber er muss seine Grenzen einschätzen können. Jeder Hund kann so ausgebildet werden, dass er läuferische Defizite seines Hundeführers durch eine gute Ausbildung wettmacht.

Dieses Buch ist als Leitfaden für jeden Ausbildenden gedacht. Es zeigt viele Grundele-

- Agility seit 1992
- Trainerin seit 1994
- Richterin mit internationalem Status
- Erfolgreiche Schweizer Nationalmannschaftstrainerin von 2002–2005
- Mitglied der Nationalmannschaft 2006 Team Small
- Mitglied der Nationalmannschaft 2007 Team Large
- Mitautorin des Buches »Agility vom Junghund bis zur Leistungsklasse« 1. Auflage 2006, Neuauflage 2012

Regula Tschanz-Haas
www.agilityschule.ch,
regula.tschanz@gmx.ch

mente, die keinen eigenen Parcours zu Hause voraussetzen. Das Fundament soll gründlich erarbeitet werden, denn viele Steine geben ein ganzes Haus.

Mein Hund soll Freund, Partner, Teamkollege und in erster Linie mal Hund sein. Er soll Zeit haben, um erwachsen zu werden und Zeit haben, zu lernen und auch zu verarbeiten. Er braucht immer wieder Pausen – wie wir unsere Ferien – um das Gelernte zu »verdauen«, einzuordnen und umzusetzen.

Wir sind verantwortlich für seine Gesundheit und sein Wohlbefinden. Er ist unser Freund, nicht unser Sportgerät.

Legenden zu Grafiken

Hund

Hundeführer (HF) linker Arm seitlich

Hundeführer (HF) rechter Arm seitlich

Hundeführer (HF) linker Arm nach vorne

Hundeführer (HF) rechter Arm nach vorne

Hundeführer (HF) beide Arme nach vorne

Sprung

Weitsprung

Mauer

Reifen

Tunnel

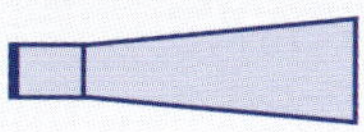
Sacktunnel

Slalom

Wand

Laufsteg

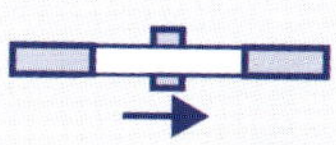
Wippe

Blumentopf, Tonne oder ähnliches

Lauflinie des Hundes

Lauflinie des Hundeführers